KB268530

대한민국 대표 꽃 여행

대한민국 대표 꽃 여행

지은이 최미선·신석교
펴낸이 안용백
펴낸곳 (주)넥서스

초판 1쇄 발행 2010년 3월 15일
초판 5쇄 발행 2010년 4월 5일

2판 1쇄 발행 2016년 3월 25일
2판 2쇄 발행 2016년 3월 30일

출판신고 1992년 4월 3일 제311-2002-2호
04044 서울특별시 마포구 양화로 8길 24
Tel (02)330-5500 Fax (02)330-5555
ISBN 979-11-5752-719-9 13980

저자와 출판사의 허락 없이 내용의 일부를
인용하거나 발췌하는 것을 금합니다.
저자와의 협의에 따라서 인지는 붙이지 않습니다.

가격은 뒤표지에 있습니다.
잘못 만들어진 책은 구입처에서 바꾸어 드립니다.

본 책은 『대한민국 대표 꽃길』의 개정판입니다.

www.nexusbook.com
넥서스BOOKS는 (주)넥서스의 실용 브랜드입니다.

대한민국 대표 꽃 여행

최미선 · 신석교 지음

넥서스BOOKS

문득 자연이 그리운 날에는

긴 겨울 끝에 다시금 봄이 돌아왔습니다. 모질게 불어대는 겨울 찬바람을 꿋꿋하게 견뎌낸 산과 들판에 새싹이 돋기 시작합니다. 앙상하고 마른 가지들만 남아 썰렁하기 그지없던 꽃나무들도 살랑살랑 봄바람을 맞아 팝콘 터지듯 속살을 드러내며 울긋불긋 꽃송이를 피워냅니다. 매화, 산수유, 개나리, 진달래, 벚꽃, 살구꽃, 유채, 튤립……. 저마다 고운 빛깔을 뽐내며 얼어붙었던 대지를 화사하게 물들입니다. 앙상한 가지 끝에 매달린 탐스러운 꽃망울들이 새삼 자연의 신비를 되새기게 합니다.

꽃으로 인해 삭막했던 대지도 꿈틀꿈틀 활기가 돋기 시작합니다. 산과 들에 피어나는 봄의 전령들이 겨우내 움츠렸던 몸과 마음을 털어내고 집밖으로 나오라 손짓하는 듯합니다. 그래서일까요? 봄빛이 들면 왠지 모를 설렘이 입니다. 꽃향기 가득한 곳을 찾아 어디론가 떠나고 싶어지기도 합니다. 특히 바쁜 일상에 쫓겨 살다 보면 어느 날 문득, 더욱 자연이 그리워집니다. 늘 변함없이 푸근한 자연 속에서 마음의 여유를 찾고 싶어집니다. 철마다 피어나는 꽃을 따라 틈틈이 여행을 떠나보는 것은 어떨까요?

겨울을 이겨내고 활짝 피어난 꽃들에게서 활기를 얻고, 한 줌 바람에 흩날리는 꽃비를 맞으며 걷다 보면 쌓였던 스트레스 또한 가벼운 꽃잎처럼 훌훌 날려버릴 수 있지 않을까요. 장미, 양귀비, 연꽃, 해바라기……. 화사한 봄꽃 끝에 얼굴을 내미는 여름 꽃들에게서는 강인함이 느껴집니다. 따가운 햇살에 지칠 법도 하련만 보란 듯이 이겨내려는 듯 꽃송이가 큼지막할뿐더러 색깔도 강렬합니다. 그 어느 것에도 눈길을 빼앗기지 않으려는지 매혹적인 자태를 과시합니다.

대지를 뜨겁게 달구던 태양이 슬그머니 물러선 가을은 또 어떤가요. 소슬바람에 말끔히 얼굴을 씻은 청명한 하늘 아래 한들거리는 코스모스와 구절초, 물결치듯 일렁이는 은빛 억새, 무성한 잎으로 시원한 그늘을 드리우던 나무들이 빚어내는 단풍 또한 가슴을 설레게 하기는 마찬가지입니다. 꽃보다 화려한 품새를 자랑하던 단풍이 겨울을 재촉하는 싸한 바람에 허공에서 맴돌다 하나둘 땅에 내려앉는 모습에서는 묘한 낭만이 느껴집니다. 이는 다시 계절이 바뀌고 한 해가 저무는 것을 알리는 전주곡입니다.

그렇게 황홀한 이별곡을 연주하며 마지막 잎새를 떨구고 나면 계절마다 자태를 뽐내던 꽃들은 다시 땅 속에서 긴 겨울잠을 자겠지요. 그렇다고 아쉬워할 건 없습니다. 겨울에 피어나는 눈꽃의 멋도 여느 꽃 못잖은 아름다움을 자아내고 다시금 봄이 찾아오니까요. 잠시나마 일상에서 벗어나 모든 것을 훌훌 털어버리게 마음 가득 싱그러운 꽃향기와 삶의 향기를 채워주는 꽃과 자연에게 새록새록 감사한 마음이 듭니다.

최미선, 신석교

PART 02

여름

화려한 꽃의 향연을 펼치다

가을

꽃에 취해 자연을 만나다

PART 04

겨울

그래도 꽃은 피어 있다

PART 01
봄
기나긴 기다림이 꽃을 피우다

봄바람에 살랑거리는
순백의 꽃잎

매화 ●**개화 시기** 3월 초순~3월 중순 ●**특징** 장미과에 속하며 예전에는 관상용으로 많이 쓰여 고려와 조선시대에는 주로 양반집 정원에 심었다. 지역과 시기에 따라 천지매, 산매, 고매, 야매 등 다양한 이름으로 불리며 매화를 기르는 사람들은 특히 겨울 추위가 채 가시기 전에 피는 '설중매'를 가장 귀하게 여겼다. 열매는 식용이나 약재로, 껍질은 물감의 원료로도 쓰인다. ●**꽃말** 결백, 미덕 ●**매화에 얽힌 이야기** 예부터 난초, 국화, 대나무와 함께 사군자로 꼽혔으며 특히 지리산 자락에 폭 파묻힌 경남 산청에서는 '삼매'로 유명하다. 고려 말 정당문학(政堂文學)이라는 고위직을 역임한 강회백(姜淮伯, 1357~1402)이 젊은 시절 단속사 절터에 심었다는 정당매, 고려 때 문신인 원정(元正) 하즙(河楫, 1303~1380)이 심은 것으로 전해지는 원정매, 조선시대 퇴계 이황(李滉, 1501~1570)과 쌍벽을 이루던 성리학자 남명 조식(曹植, 1501~1572)이 말년에 산천재 뜰 앞에 심었다는 남명매가 바로 그것이다. 이 나무들은 수령 450~600년이 넘은 고목으로 지금껏 고고한 아름다움을 뽐내고 있으며 원정매는 아쉽게도 몇 년 전 고사했다고 한다. 이 외에도 구례 화엄사 뜰에 자리한 수령 600여 년의 매화와 순천 선암사의 수백 년 묵은 매화 십여 그루도 볼만하다.

전북 진안 팔공산 중턱에서 발원하여 남원, 곡성을 지나 구례와 하동을 휘감으며 흐르다 광양만에 몸을 풀어놓는 섬진강. 봄날의 섬진강은 늘 분주하다. 봄의 전령사인 매화가 시작되는가 싶으면 어느새 노란 산수유가 뒤를 이어 사람

화사한 매화꽃이 섬진강을 굽어보며
뽀얀 안개처럼 마을을 덮은 모습이 장관을 이룬다.

들을 유혹하고 이에 질세라 벚꽃이 시샘하듯 모습을 드러낸다. 여기에 유채꽃, 복사꽃, 진달래까지 가세해 섬진강변은 그야말로 꽃들의 자리다툼이 치열하다.

그중 봄이면 가장 먼저 시선을 사로잡는 곳이 광양시 다압면에 자리한 매화마을이다. 섬진강변의 다른 꽃들이 미처 깨어나기 전 부지런을 떨면서 피어나는 매화는 긴 겨울 끝에 단연 스포트라이트를 받는 봄의 첫 작품이다. 섬진강을 굽어보면 화사한 매화꽃이 뽀얀 안개처럼 마을을 덮어 장관을 이룬다. 겨우내 숨죽여 있던 매화들이 봇물 터지듯 피어나 화려한 꽃 잔치를 펼친다. 이곳의 매화는 특히 섬진강의 은빛 모래, 푸른 하늘과 어우러져 황홀한 봄 풍경을 선사한다.

매화마을을 중심으로 섬진강변 곳곳에 피어 있지만, 도사리마을 산 중턱에 자리 잡은 '청매실농원'이 꽃구경하기에 으뜸이다. 따뜻한 봄 햇살을 맞아 하얀 꽃망울을 터트리며 5만여 평의 산자락을 가득 메운 매화는 마치 순백의 눈을 뒤집어쓴 것 같다. 꽃동산이라 해도 좋을 만큼 풍경이 빼어나 〈취화선〉 등 영화의 촬영 장소로도 등장했다.

굳이 매화가 아니더라도 이곳은 언제 가도 볼거리가 넉넉하다. 특히 2,000여 개에 달하는 항아리들이 마당을 가득 메우고 있는 청매실농원의 모습이 이채롭다. 청매실농원 마당을 지나면 언덕을 따라 요리조리 오솔길이 나 있다. 푸른 기운이 청아한 청매화, 발그스름한 빛깔이 따사로운 홍매화, 그리고 눈처럼 하얀 백매화……. 빛깔도 다양한 매화 산책로는 걷는 것만으로도 행복감을 안겨준다. 살랑살랑 부는 봄바람에 언덕을 가득 메운 매화 향기를 음미하며 천천히 오르다 보면 발 밑으로 넉넉하게 품을 벌린 섬진강과 건너편 하동의 지리산 자락이 시원스레 펼쳐진다.

이 길목에는 매화나무 외에도 숨은 보석들이 아주 많다. 날이 더 따뜻해지면 나무

언덕을 가득 메운
매화 향기를 맡으며
차분하게 오솔길을 걷는다.

사이로 붓꽃, 제비꽃, 민들레 등 온갖 야생화가 지천에 깔린다. 청매실농원으로 향하는 언덕길에는 매화와 관련된 시를 새긴 시비를 세워놓아 문학의 향기도 가득하다. 산책로 곳곳마다 가족, 연인, 친구와 함께 온 사람들의 얼굴에도 웃음꽃이 가득하다.

매화가 만발하는 축제 기간이 되면 전국에서 몰려드는 상춘객들로 인해 꽃 구경을 하는 건지 사람 구경을 하는 건지 모를 정도로 북새통을 이루지만 1년에 딱 한 번 볼 수 있는 매화꽃잔치는 그야말로 놓치기 아쉬운 풍경이다.

매화마을 탄생배경

매화마을이 전국적으로 주목받게 된 것은 청매실농원의 주인 홍쌍리 여사의 공이 크다. 40여 년 전 다압면 매화마을(섬진마을) 밤나무골로 시집온 홍 씨는 얼마 후 부유했던 시댁이 망해 겨우 황무지 야산만 남은 상황에 처했다. 살 궁리를 하던 홍 씨는 모두 쓸모없는 땅이라 여긴 그곳에 매화를 심기 시작했다.

섬진강의 온화한 강바람과 알맞게 피어오르는 물안개는 매실농사에 매우 적절한 환경으로, 실하게 자란 매실 열매는 곧 홍 씨의 희망이 되었다. 이후 매실농사가 점차 경제적으로 도움이 된다는 것을 깨달은 마을 주민들도 산과 들에 여느 곡식 대신 매화나무를 심기 시작해 지금은 연간 150만 명이 찾는 관광명소가 되었다. 스스로 '사람 몸속을 씻어주는 청소부 아줌마'라 자처하는 홍 씨가 40여 년간 매화나무를 가꿔오면서 가장 중요하게 생각한 것은 흙을 살리는 일이다. 시아버지가 지어오던 옛날식 농사가 너무 힘들어 비료나 농약을 사용할까 마음이 흔들리기도 했지만 지금껏 예전의 방식을 고집해오고 있다. 뼈가 없어 비료 한 톨만 뿌려도 금세 죽어버리는 지렁이. 그런 지렁이가 홍 씨의 농장에서는 지금도 꿈틀대고 있다. 이렇듯 땅과 풀, 인간이 모두 살 수 있도록 밥상이 아닌 약상을 만들자는 게 그녀의 지론이다.

40년 전 하루 종일 밭일을 하던 손에 흙물과 풀물이 잔뜩 배어 깨끗할 날이 없었던 홍 씨. 수세미로 아무리 닦아도 지워지지 않던 손과 기름기 밴 그릇이 매실즙으로 말끔히 닦이는 것을 보면서 사람의 몸속도 이렇듯 말끔하게 닦아낼 수 있으리라는 생각에 매실을 응용한 제품을 만들기 시작했다. 약알카리성 식품인 매실은 당실을 비롯해 다량의 유기산, 무기질, 비타민을 함유하고 있고 피부 미용에 좋으며 피로 회복과 소화불량을 풀어주는 항암식품으로 알려져 있다. 섬진강 자락을 하얗게 물들이던 매화꽃이 지고 나면 꽃이 핀 자리마다 파르스름한 매실이 올망졸망 맺힌다. 매년 6월 초면 매실을 수확하기 시작하는데 이때는 매실 따기 체험행사도 펼쳐진다. 제각각 따온 매실로 매실절임과 매실주, 매실고추장장아찌 등을 만들어 당일에 가져갈 수 있다. 특히 간단하게 만들 수 있는 매실절임은 쓰임새도 유용하다. 식후에 매실절임 서너 조각을 씹어 먹으면 음식물 냄새가 가시며 찻잔에 매실절임을 대여섯 조각 넣고 끓인 물을 부어 3~5분 정도 우려내면 새콤달콤한 매실차가 된다.

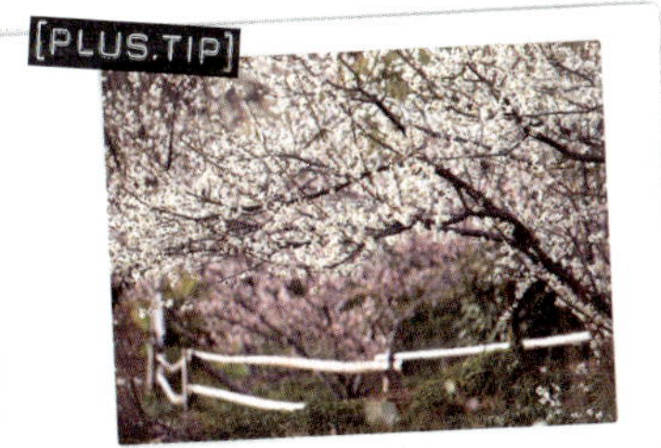

광양 매화축제

3월 초순부터 피기 시작하여 3월 중순경 절정을 이룰 무렵 광양시 다압면 일대에선 매화축제가 열린다. 청매실농원을 중심으로 펼쳐지는 축제 기간에는 매화꽃길 시화전을 비롯해 매화염색 체험, 섬진강 나룻배 타기, 다도 체험, 천연매실 비누 만들기, 전통문화 체험, 매실음식 시식회 등 다채로운 행사가 진행된다. **문의** 광양매화축제위원회 061-797-3714

| 알고 가면 더 즐겁다 |

찾아가는 길

대중교통 축제의 중심지인 청매실농원은 광양시보다 하동군이 가깝다. 하동버스터미널에서 35-1, 35-2번 버스를 타고 매화정류장에서 내리면 된다.

문의 광양교통 061-762-7295

승용차 호남고속도로-전주IC-남원-밤재터널-간전교 삼거리-간전교 건너 좌회전(861번 지방도)-다압면 매화마을/경부고속도로-대전~통영 고속도로-순천 방향 남해고속도로 하동IC-하동읍-섬진교 건너 우회전(861번 지방도)-약 5km 가면 매화마을

먹을 곳

섬진강변의 별미

시원하고 구수한 국물에 부추를 듬뿍 넣은 재첩국(7천 원)과 참게에 시래기, 섬진강 민물새우, 메기 등을 함께 넣고 얼큰하게 끓여낸 참게매운탕, 군침이 절로 도는 참게장은 물론 새콤달콤한 재첩회무침에 재첩국까지 맛볼 수 있는 참게장정식이 대표적이다. 매화마을 앞 섬진강변에는 재첩국과 참게탕, 참게장정식을 맛볼 수 있는 식당들이 즐비하다. 청매실농원에서 파는 매실비빔밥도 별미다.

잠잘 곳

매화마을 인근에 이렇다 할 숙소가 별로 없으므로 섬진강 건너편 하동읍이나 광양시내에 숙소를 잡는 것이 좋다.

하동읍내 고궁모텔 055-884-5300

동원모텔 055-884-2215 **발리모텔** 055-884-2393

광양시내 호텔 부르나 061-761-8700

티파니모텔 061-762-3833 **쎄느모텔** 061-793-8400

| 함께 둘러볼 곳 |

✦ 백운산 자연휴양림

전남 광양시청에서 관리하고 있는 백운산 자연휴양림의 매력은 무엇보다 맨발로 걸을 수 있는 '맨발 체험 황톳길'이다. 전체 길이가 1.3km로 공해에 찌든 도심을 벗어나 싱그러운 공기가 가득한 산 속에서 잠시나마 신발을 훌훌 벗어버리고 걸을 수 있다. 두 사람이 도란도란 얘기를 나누며 나란히 걷기에 딱 좋은 길이다. '맨발 체험 황톳길'은 무엇보다 진입로 풍경이 근사하다. 늘씬한 키에 한 치의 휘어짐도 없이 하늘로 곧게 치솟은 나무들이 길 양쪽으로 빽빽하게 들어선 모습이 보는 것만으로도 시원하다. 초입에는 반들반들한 옥돌을 깔아놓은 지압로가 설치되어 있고 그 뒤로 이어지는 흙길도 매우 곱다. 황톳길은 특히 비 온 뒤에 산책하면 더욱 좋다. 물기가 촉촉하게 스며든 땅을 밟는 기분이 무척 상쾌하다. 쉬엄쉬엄 걷다 곳곳에 설치된 의자에 앉아 숲속 풍경을 감상하는 맛도 좋다. 그렇게 한 바퀴 돌아 나와 입구에 배치된 수도꼭지를 틀어 발을 씻다 보면 어느새 또 한 번 걸어볼까 하는 아쉬움이 생긴다. 계곡물을 이용한 계단식 물놀이장, 야생화 단지도 조성되어 있어 아이들과 함께 즐길 수 있다. 휴양림 안에 있는 숙박시설을 이용할 경우 이슬이 촉촉이 내린 새벽의 황톳길을 맛볼 수 있다.

이용 시간 오전 8시~오후 7시(11~2월 오후 6시)
문의 061-797-2655, gwangyang.go.kr

설렘 가득한
수채화빛 꽃길

산수유 ●개화 시기 3월 중순~3월 하순 ●특징 층층나무과에 속하며 일교차가 크고 배수가 잘 되는 해발 300~500m 정도의 분지나 산비탈에서 잘 자란다. 산수유는 노란 꽃이 피는 봄 풍경도 아름답지만 루비처럼 영롱한 빛의 빨간 열매를 맺는 가을 풍경도 볼만하다. 《동의보감》에 의하면 산수유 열매는 정신을 맑게 하고 각종 성인병과 부인병은 물론 두통, 이명, 야뇨증에도 효능이 탁월해 한약재로 인기가 높아 예전에는 산수유나무 세 그루만 있어도 자식을 대학에 보냈다 하여 '대학 나무'로 불리기도 했다. ●꽃말 영원불변의 사랑. 때문에 변치 않는 사랑을 맹세하기 위해 산수유 꽃이나 열매를 연인에게 선물하는 풍습이 전해온다. ●산수유나무에 얽힌 이야기 구례군 산동면 계척마을에 가면 중국 산동성에서 시집온 여인이 가져와 우리나라에 처음으로 심었다는 산수유 시목(始木)을 볼 수 있다. 수령 1000년이 넘는 고목으로, 마을 사람들은 이 나무를 '할머니 나무'라고도 부른다.

산들산들 불어오는 봄바람 끝에 매화가 꽃망울을 터뜨리면 섬진강 한편에서 노란 산수유도 살포시 얼굴을 내민다. 산수유꽃은 멀리서 보면 개나리 같지만 가까이 다가가서 보면 꽃잎의 길이가 2mm 정도로 매우 작다. 때문에 낱낱의 꽃송이는 화려한 느낌이 들지 않지만 수천 그루가 한꺼번에 노란 꽃무리를 지으면 화사하기 그지없다. 뿐만 아니라 키가 7m가 넘도록 꼿꼿하게 자라기 때문에 줄기가 살포시 휘어지며 피어나는 개나리와는 비교할 수 없는 당당함을 지녔다.

산수유로 가장 유명한 곳은 구례군 산동면이다. '산동'은 1000년 전 중국 산동성 처녀가 지리산 산골로 시집오면서 가져온 산수유 묘목을 심었다 하여 붙은 이름이다. 산동면의 계천리, 원촌리, 위안리 등지에 산수유 고목이 숲처럼 우거져 해마다 봄이 되면 마을 곳곳이 샛노랗게 변한다. 지리산의 듬직한 산줄기가 뻗어내려 섬진강에 슬쩍 발을 담근 구례는《택리지》의 저자 이중환이 '사람이 살기 좋은 곳'으로 꼽아 유명하다.

산동면에서도 만복대(1,433m) 기슭에 자리한 위안리 상위마을은 마을 전체에 3만여 그루의 산수유가 빼곡하게 심어져 있어 대표적인 산수유마을로 꼽힌다. 마을 위편에 자리한 정자에 올라 발밑을 내려다보면 졸졸 흐르는 냇가, 밭고랑, 허리께까지 올라오는 돌담 사이 등 장소를 가리지 않고 틈을 비집고 나온 산수유가 마을을 온통 노란빛으로 물들여 놓았다. 샛노란 산수유에 폭 파묻혀 있다 보면 마을 안에 있는 사람조차 노란 꽃이 된 듯하다.

산수유 꽃구경은 대개 상위마을만 둘러보고 훌쩍 떠나는 경우가 많다. 그러나 이곳의 묘미는 굽이굽이 돌담길을 따라 걸으며 여기저기 산수유로 도배된 아랫녘 마을들을 하나하나 둘러보며 찬찬히 구경하는 것이다. 상위마을에서 하위마을을 거쳐 반곡마을, 대평마을까지 이어지는 길은 2km 남짓. 꽃과 어우러진 돌담길은 누구에게나 설렘을 안겨주기에 충분할 만큼 서정적인 멋을 자아낸다. 소박한 시골집 마당까지 파고든 산수유 꽃을 슬며시 들여다본다 해도 뭐라고 하는 사람이 없다. 이끼

현천마을 저수지를 끼고 노란 자태를 뽐내는 산수유,
고운 옷을 입은 마을이 더없이 아름답다.

긴 돌담 너머 허름한 빈집에도 노란 산수유가 가지를 길게 드리워 쓸쓸함을 밀어낸다. 노란 산수유로 인해 주인 없는 빈집 풍경이 오히려 한 폭의 그림처럼 다가온다.

한가롭게 거닐다 지리산 깊은 골짜기에서 흘러내려오는 냇가 바위에 걸터앉아 수채화 물감을 풀어놓은 듯 노란 꽃잎이 동동 떠다니는 개울물을 그저 바라보는 것만으로도 행복하다. 특히 상위마을 아래편, 드라마 〈봄의 왈츠〉 무대로도 등장한 반곡마을은 계곡을 가로지르는 다리 밑으로 수십 명이 앉아도 남을 만큼 넓은 너럭바위가 있어 물가에서 휴식을 취하기에도 좋다. 고로쇠 약수로도 유명한 산수유마을 입구에는 게르마늄 온천으로 이름난 '지리산 온천랜드'가 있어 꽃 여행과 함께 온천욕까지 덤으로 즐길 수 있다.

반면 좀더 호젓하게 꽃 풍경을 음미하고 싶다면 상위마을에서 19번 국도 건너편 원촌리에 자리한 현천마을을 둘러보는 것도 좋다. 산수유 철마다 북적대는 상위마을과는 달리 현천마을은 언제나 고즈넉한 분위기가 묻어난다. 옹기종기 어우러진 초가집과 기와집은 물론 한적한 돌담길과 마을 앞 저수지를 노랗게 휘감은 모습이 아름다운 현천마을은 산수유축제 포스터의 대표 얼굴로 등장하는 곳이기도 하다.

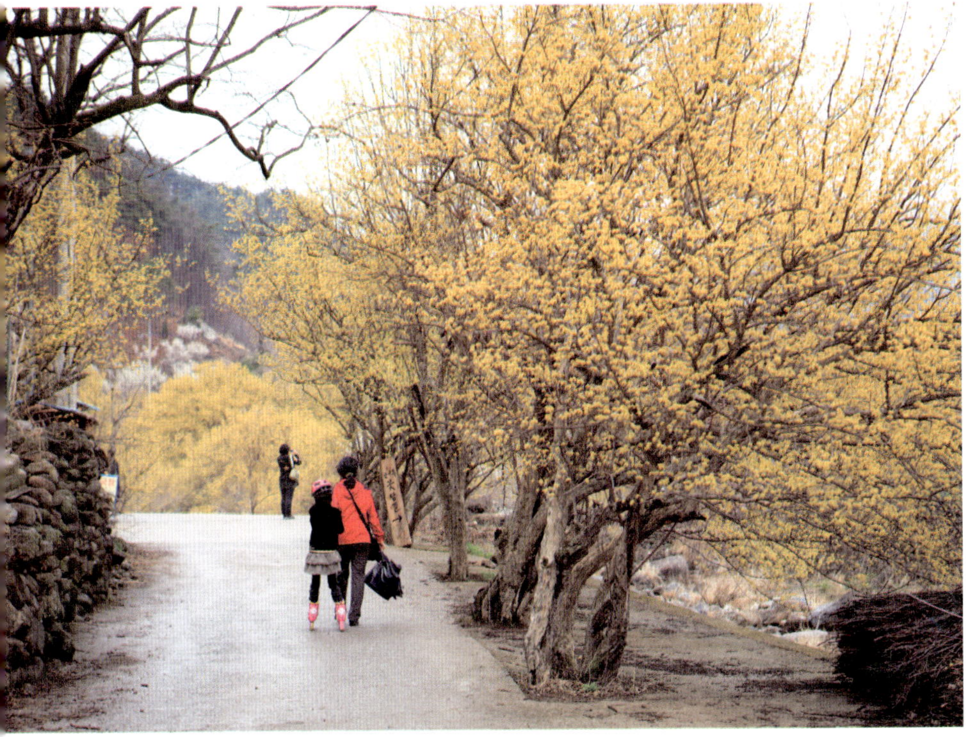

[PLUS.TIP]

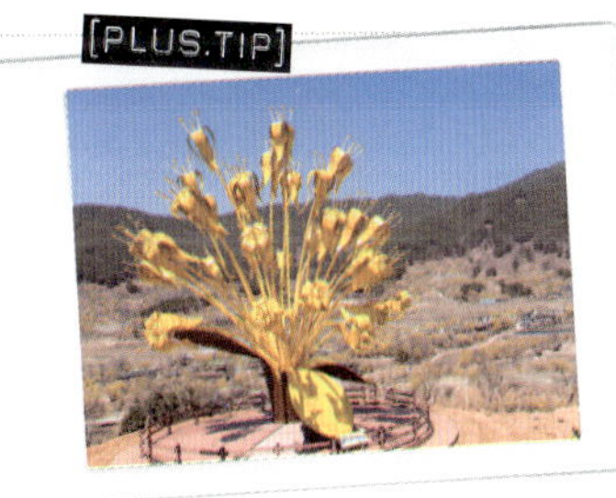

구례 산수유축제

3월 하순, 산수유가 마을을 온통 노란빛으로 물들일 즈음 산동면 일원에서는 산수유축제가 열린다. 계척마을 산수유 시목지에서의 풍년기원제를 시작으로 불꽃놀이, 팔도 품바 경연 대회, 민속 윷놀이 대회, 장작 패기 대회 등 다양한 행사와 함께 산수유떡 만들기, 산수유 꽃길 걷기, 산수유두부 먹기, 산수유 기념품 만들기, 산수유 음식 전시 등 산수유를 주제로 한 특별 코너가 마련된다. **문의** 구례군 축제추진위원회 061-780-2726, www.gurye.go.kr

| 알고 가면 더 즐겁다 |

찾아가는 길

대중교통 구례공용터미널에서 상위마을행 버스를 탄다. 버스시간 문의 061-780-2731

승용차 호남고속도로–익산JC–익산포항고속도로–완주JC–순천완주고속도로–오수IC에서 빠져 나와 남원 방면–밤재터널–원촌교차로에서 산동 원촌 방면 우측 도로로 내려옴–산동면사무소–지리산온천 방면 좌회전–지리산온천–상위마을

잠잘 곳

산수유마을과 화엄사 인근에 숙박업소가 많다.

산동면 일원 블루썬리조트 061-780-8800 제일온천호텔 061-783-1001 월동파크호텔 061-782-0082 지리산온천랜드호텔 061-790-7890 상아파크호텔 061-783-7770

화엄사 인근 한화리조트지리산 1588-2299 리틀프린스펜션 061-783-4700 화엄각펜션 061-781-9911

먹을 곳

지리산온천 주변 혜림회관 산채정식 전문점, 061-783-3898, 백제회관 061-783-2867 할매된장국집 버섯비빔밥이 별미다. 061-783-6931 덕인관 떡갈비 전문점, 061-781-7881

구례읍내 부부식당 다슬기수제비가 인기, 061-782-9113

✛ 화엄사

구례군 마산면 황전리에 자리한 화엄사는 544년(백제 성왕 22년)에 연기조사가 창건한 천년 고찰이다. 빼어난 자연경관 속에 태극 형상의 독특한 구조를 보이는 이곳의 중심은 이층 목조건물인 각황전. 국보 제67호로 지정된 각황전은 현존하는 목조건물로는 국내 최대 규모로, 그 웅장한 외양이 보는 이를 압도한다. 각황전 앞뜰에 서 있는 석등(국보 제12호) 또한 국내 최대 규모로 통일신라시대 불교 중흥기의 찬란한 조각예술을 보여주는 소중한 작품이기도 하다. 각황전 옆으로 108계단늘 오르면 경주 불국사의 다보딥과 어께를 나란히 하는 4사자3층석탑(국보 제35호)이 나온다. 화엄사를 창건한 연기조사가 어머니의 명복을 빌며 세운 탑이라는 전설이 있어 불효자에게는 효의 정신을 일깨워준다. 아울러 사찰 체험을 통해 복잡한 일상에서 잠시 벗어나 자신을 돌아볼 수 있다.

문의 061-783-7600

✛ 사성암

구례군 문척면 죽마리 오산(513m) 정상에 있으며, 특히 산꼭대기에 아슬아슬하게 걸려 있는 모습이 이채롭다. 사성암에 오르면 바위를 병풍 삼고 있는 모습과 함께 바위틈으로 파고 들어간 암자가 특색 있다. 이곳의 건물은 어느 것 하나도 온전한 모습을 다 드러내지 않는다. 마치 자신의 모습을 살포시 숨겨둔 채 수줍은 듯 고개만 내미는 시골처녀 같다. 사성암은 여느 절과 달리 넓은 마당이 없다. 가파르게 올라가는 돌계단이 다른 곳에서는 볼 수 없는 풍경을 자아낸다. 정상에 오르면 산자락을 휘감으며 구불구불 흐르는 섬진강 줄기와 구례읍의 넓은 벌판, 멀리 무등산으로 이어지는 지리산 연봉이 그림처럼 펼쳐진다. 사성암 앞에는 뗏목을 팔러 하동으로 내려간 남편을 기다리다 지쳐 세상을 떠난 아내와, 아내를 잃은 설움에 끝내 숨을 거둔 남편의 애절한 전설이 깃든 띔바위도 있다.

문의 061-781-4544

봄을 화사하게 수놓는
노란 물결

산수유 하면 대개 구례 산동마을을 떠올리지만 서울에서 가까운 이천에도 봄이면 온 마을이 노란 산수유로 뒤덮인다. 경기도 이천시 백사면 도립리, 송말리, 경사리 일대를 아우르는 산수유나무는 줄잡아 1만 그루 정도다. 그중에서도 도립리마을은 산수유나무 수천 그루가 밀집해 있어 이천 산수유마을을 대표한다.

원적산(563m) 기슭에 자리하고 있는 도립리마을은 수령 100년이 넘는 산수유와 500년 된 느티나무 고목이 어우러져 있다. 조선 중종 때 기묘사화(1519년)를 피해 낙향한 선비 엄용순을 비롯한 6명의 선비가 이곳에 육괴정(六槐亭)이라는 정자를 짓고 주위에 느티나무와 산수유나무를 심은 것이 산수유마을의 시초다. 육괴정이란 이름도 여섯 선비가 우의를 기리는 뜻에서 정자 앞에 작은 연못을 파고 각각 느티나무 한 그루씩을 심은 것에서 유래했다.

축제 기간에는 마을 입구에서부터 차량 진입을 통제하지만 마을 안쪽까지 1km

뒷산에 있는 오솔길이 한적해
호젓하게 산책을 즐기기에 좋다.

도 되지 않아 마을 초입에서부터 걸어가도 좋다. 차 한 대가 지날 정도의 좁은 시멘트 도로이지만 줄을 이은 가로수도 대부분 산수유나무로, 초입부터 호젓한 꽃길을 걷는 셈이다. 걷는 내내 여기저기서 들려오는 새소리가 싱그럽다.

15분 정도 걸어가면 야트막한 돌담 안에 들어선 집들을 지나 아주 작고 네모진 돌연못도 보인다. 이 연못이 바로 기묘사화를 피해 들어온 선비들이 팠다는 곳이다. 한때 많은 선비와 묵객들이 이곳을 중심으로 시와 담론을 슬겼지만 오랜 세월이 지난 지금은 마른 채로 볼품없이 남아 있을 뿐이다. 연못을 지나 몇 걸음 더 가면 육괴정이 나온다. 묵직한 느낌의 이름과는 달리 아주 소박한 분위기를 풍긴다. 몇 개의 계단을 올라 안으로 들어서면 아담한 건물 두 채가 작은 마당을 끼고 자리한 것이 전부다. 육괴정 바로 옆에는 보호수로 지정된 수령 500년 된 느티나무 고목이 서 있는데 조선시대 당시 선비들이 심었다고 한다. 하지만 아쉽게도 세 그루가 고사하고 지금은 세 그루만 남아 있다.

육괴정 옆 느티나무를 지나 마을 윗길로 오르면 돌담과 토담이 어우러진 함석지붕 사이로 산수유가 빠끔히 모습을 드러낸다. 걸음을 옮길수록 산수유나무는 더욱 풍성해지면서 그야말로 노란 물결을 이룬다. 이천 산수유는 대개 3월 하순부터 피기 시작해 4월 초중순 무렵에 절정을 이룬다. 이곳 산수유는 온통 산수유로 뒤덮인 구례 산동마을과 달리 군데군데 다른 나무들과 뒤섞여 피어나는 것이 특징이다. 이른 봄날, 앙상한 가지를 채 벗어나지 못한 다른 나무들과는 다르게 가지 끝에 노란 꽃송이를 주렁주렁 매단 산수유는 노란빛을 더욱 진하게 풍기는 듯하다. 구례 산수유가 돌담과 개울이 어우러진 아기자기한 풍경이라면 이곳은 좀더 고즈넉한 풍경이다.

도립리마을 어느곳에서나
소담한 산수유를 만날 수 있다.

마을 안쪽 뒷산으로 오르면 좁은 오솔길이 나 있다. 걷다보면 오솔길을 가로지르며 묘하게 쓰러진 나무가 버티고 있는 모습을 볼 수 있는데 마치 공룡이 길을 가로막고 있는 듯한 독특한 형상이다. 축제 기간에도 이곳까지 들어오는 사람은 드물어 호젓하게 걷기에 아주 좋다. 마을에서 산중턱까지 요리조리 이어지는 산책길은 3km 정도며 쉬엄쉬엄 걸어 마을을 한 바퀴 둘러보는 데 1시간은 족히 걸린다.

이천 산수유축제

매년 4월 초순경 백사면 도립리마을에서 열린다. 축제 기간에는 다양한 전통놀이 체험마당, 산수유 산책로 걷기, 추억의 엽서 보내기, 산수유 사진전, 산수유비누 만들기, 무료 가훈 써주기 등을 비롯해 다양한 공연이 펼쳐진다.
문의 031-631-2104

| 알고 가면 더 즐겁다 |

찾아가는 길

대중교통 이천종합터미널 인근 버스 정류장에서 23-8번 버스를 타고 도립리회관 앞에서 내린다.

승용차 중부고속도로 서이천IC에서 빠져나와 서이천 삼거리에서 이천, 신둔 방면 좌회전-시음동 삼거리에서 좌회전-신둔 교차로에서 부발 방면 우회전-송정1 교차로에서 도암면 방면 좌회전-경사리-이천산수유마을

먹을 곳

이천의 대표적인 먹을거리는 이천쌀밥으로, 이천 곳곳에 이천쌀밥집이 많다. 돌솥에 직접 지어내어 윤기가 흐르는 쌀밥에 십여 가지 반찬이 곁들여 나오는 한정식은 어느 곳이나 비슷하다.

이천옥 031-631-3363 **임금님쌀밥집** 031-632-3646
정일품 031-631-1188 **가마솥이천쌀밥집** 031-633-8818

고미정 031-634-4811 **이천쌀밥송학설성점** 031-641-6005 **이천쌀밥집** 031-634-4813

잠잘 곳

이천미란다호텔 031-639-5118 **메종드시엘호텔** 031-630-7636 **호텔루이** 031-637-4500 **망고모텔** 031-631-3417 **프라하모텔** 031-633-7720 **레인보우모텔** 031-637-3084

설봉공원

이천시 관고동에 있으며 세계도자비엔날레와 이천도자기축제, 이천쌀문화축제 등이 열리는 이천의 중심이자 휴식 공간이다. 공원 안에 둘레가 1km에 달하는 설봉호를 품고 있어 호숫가를 따라 산책하기에도 좋다. 호수 주변에는 세계 유명 작가들의 수준 높은 조각 작품들이 늘어선 설봉국제조각공원도 조성되어 있다.

이천시립박물관

설봉공원 한편에 자리한 이천시립박물관은 창경궁의 외관을 본떠 지은 건물이 인상적으로 기증유물실, 향토유물실, 농업역사실, 기획전시실 등으로 구성되어 있다. 기증유물실 안으로 들어서면 고종황제가 명을 내릴 때 사용하던 도장이 눈에 띄는데 교지나 훈령을 내릴 때 사용했던 도장 등 용도에 따라 다른 모양의 도징을 사용한 점이 흥미롭다. 농업역사실에는 이천의 농업역사와 각종 농기구 등이 전시돼 있다. 이천 쌀로 지은 수라상을 받는 임금님의 모습

을 인형으로 재현한 모습도 재미있다. 시립박물관 앞 연못은 이천 도자기 모양을 반으로 잘라 물을 내리게 한 점이 특색 있다.

이천온천

조선시대부터 온천배미라 불릴 만큼 온천으로 유명한 이천에는 스파를 겸한 대형 온천단지가 두 곳이나 있다. 대규모 온천테마파크인 미란다스파플러스에서는 과일탕, 청주탕, 머드탕 등 다양한 온천시설과 유수풀, 파도풀, 튜브슬라이드를 설치해 온천과 놀이를 동시에 즐길 수 있다. 반면 유럽식 온천을 표방한 테르메덴온천에서는 아토피 치료에 효과적으로 알려진 '닥터피쉬(친친어) 전용탕'을 운영하고 있다. 문의 미란다스파플러스 031-639-6116, 테르메덴온천 031-645-2000

붉게 물든 섬이 감춘
비밀의 정원

동백꽃 ●**개화 시기** 3월 하순~4월 초중순 ●**특징** 차나무과에 속한다. 개화 시기가 보통 2월로 동백꽃을 겨울 꽃이라 여기는 이들도 많지만 동백꽃의 절정기는 대개 3월 하순에서 4월 초다. 다섯 장의 빨간 꽃잎에 노란빛의 수술이 한 움큼 들어차 강렬한 인상을 안겨주며 여느 꽃처럼 꽃잎이 낱장으로 떨어지지 않고 꽃송이째로 툭 떨어진다. 꽃이 지고 난 후 가을이면 밤톨 크기의 열매를 맺는데 이것을 짠 기름은 화장품과 식용유, 머릿기름 등에 다양하게 사용된다. ●**꽃말** 겸손한 마음, 그대를 누구보다도 사랑합니다. 예전에는 혼례식장에서 굳은 약속의 상징으로 쓰였다. '허세 부리지 않다'라는 의미도 담겨 있다.

　　　　　남해 끝자락에 자리한 거제도는 그 어느 곳보다 일찍 봄을 만난다. 몽돌로 뒤덮인 해변에서 봄바람에 밀려온 몽돌들이 자글자글 소리를 내며 봄의 왈츠를 연주하기 시작하면 붉은 동백꽃이 바람을 타고 지심도를 알싸하게 감싼다. 그뿐인가. 살랑대는 봄바람을 온몸으로 느끼는 '바람의 언덕'도 훈훈한 봄을 만끽하고 싶은 이들을 유혹한다.

　하늘에서 내려다보는 섬의 모양이 '마음 심(心)' 자를 닮았다 하여 이름 붙은 지심도. 길이 1.5km, 폭 500m 정도의 작은 섬 전체가 하나의 거대한 숲으로 보일 만큼 수목이 빽빽하게 들어서 있다. 그중 70% 정도가 동백나무로 뒤덮여 거제도에서는 지심도보다 '동백섬'으로 더 잘 알려져 있다. 이곳에 사는 주민도 10여 가구에 20명 남짓이며 섬을 찾는 이도 많지 않아 한적하기 그지없다.

　지심도 동백꽃은 성미가 급하다. 12월부터 꽃망울을 터트려서 조금씩 피고지다

를 거듭하다 3월 하순경에 절정을 이루며 4월 중순까지 이어진다. 오랜 세월 사람의 손길을 타지 않은 이곳 동백나무는 키도 매우 크고(5~6층 빌딩 높이) 굵기도 제법이다. 수령이 400~500년 된 나무도 사람으로 치면 고작 청년층에 불과하며 1000년에 가까운 고목도 많다. 빨간 꽃이 지천으로 피어 있는 지심도는 장승포에서 배로 15분 거리다.

선착장에서 해안선 전망대까지 이어지는 산책로는 약 2km로, 배에서 내리면 섬을 따라 한 바퀴 도는 산책로가 그려진 간판이 보인다. 가파른 해안 절벽으로 이루어진 봉긋한 섬을 둘러보는 길은 잘 닦여 있는 편이지만 자동차 도로는 없다. 경운기가 겨우 지날 수 있을 만한 시멘트 도로이거나 두 사람이 나란히 걸을 만한 오솔길로 이루어져 있어 걷기에는 안성맞춤이다. 선착장에서 마을로 오르는 200m 정도의 비탈길 외에는 대체로 길이 평탄해 2시간 정도면 섬 구석구석을 충분히 돌아볼 수 있다.

지그재그로 이어지는 오솔길은 한낮에도 어두울 만큼 동백나무가 빽빽히 들어차 있다. 그 숲의 터널에서 고개를 들면 빨간 동백꽃 사이로 파란 하늘이 드문드문 보일 정도다. 간간히 햇살을 받아 빨간빛이 더욱 선명한 동백만으로도 봄기운을 느끼기에 충분하다. 이미 피었다가 떨어진 동백꽃이 산책로를 가득 덮은 모습도 이색적이다. 예쁜 꽃을 밟고 가기 미안해 피해 갈래도 피할 길이 없는 곳도 많다. 걷다보면 머리 위로 동백꽃이 툭툭 떨어진다. 산책로 코너마다 자리한 민박집 안에도 동백꽃 천지다. 따사로운 햇볕을 머금은 양철 지붕도 빨간 꽃송이로 뒤덮여 있다. 온 천지가 붉은색으로 뒤덮여 고요한 마음에 파장을 일으킨다.

오솔길 중간쯤엔 작은 폐교가 있다. 녹슨 철봉대와 미니 축구골대가 놓인 아담한 운동장에도 어김없이 빨간 동백꽃이 소담스레 피어 있다. 운동장을 둘러싼 동백나무숲 사이로 유난히 낭랑한 새소리를 내는 것은 직박구리. 그 마당에 잠시 누워 눈을 감으면 훈훈한 봄바람에 새소리를 자장가 삼아 솔솔 잠이 들 것만 같다.

학교를 지나 섬 정상에 오르면 활주로로 이용되는 널찍한 잔디밭이 펼쳐진다. 날이 좋으면 이곳에서 대마도까지 볼 수 있다. 활주로를 지나 탐방로 이정표를 따라 가면 동백과 대숲이 어우러진 좁은 숲 터널이 나오고 이곳을 지나면 해안선 전망대가 나온다. 전망대에서 바라보는 해안 풍경이 멋지지만 조심하라는 표지판만 있을 뿐 이렇다 할 안전장치가 되어 있지 않으므로 주의해야 한다.

빨간 꽃송이가 수북하게 깔린 오솔길과 탁 트인 잔디밭, 대숲 터널을 자분자분 걷는 맛은 그 무엇과도 바꿀 수 없다. 전망대를 돌아 나오는 길목에 자리한 민박집 피싱하우스도 한 번쯤 들러보게 되는 곳이다. 입구에 '사람 없어도 들어와서 커피 한

잔 드시고 가세요'라는 문구가 적혀 있는데 괜한 말이 아닌 듯 마당에 놓인 난로 위에 물주전자와 옆에 커피가 놓여 있다. 주인이 있으면 어행객을 불러들여 차를 내주고 예쁜 포토존을 만들어 방문객의 카메라로 사진까지 찍어준다. 봄빛 가득한 풍경만큼 훈훈한 인심까지 덤으로 느끼고 오는 곳이 바로 지심도다.

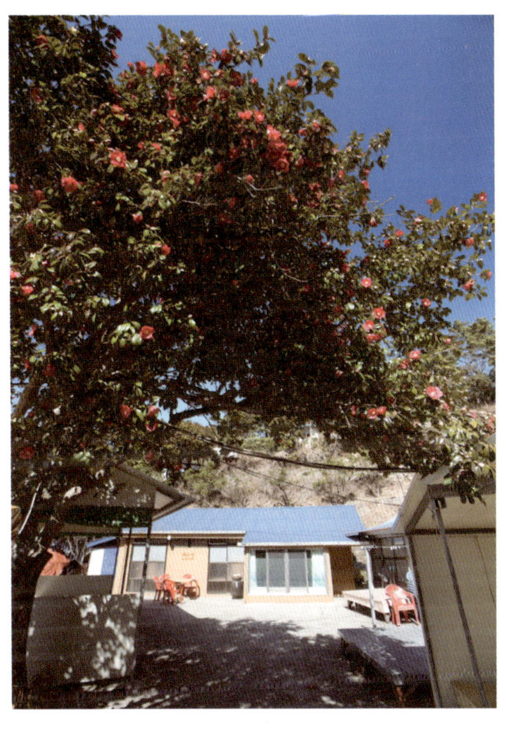

봄이면 지심도 어디에서나
붉은 동백꽃을 만날 수 있다.

| 알고 가면 더 즐겁다 |

 찾아가는 길

대중교통 거제 고현버스터미널 앞에서 10, 20, 22, 23번 버스를 타고 거제세관 정류소에서 내리면 코앞에 장승포항이 있다. **운행 시간** 오전 9시부터 하루 5회 운항(50분 소요) **운행료** 성인 2만1천 원, 어린이 1만5백 원 **문의** 부산연안여객터미널 051-660-0117. 거제를 제대로 보려면 현지에서 차를 빌리는 것이 좋다. 장승포여객터미널(055-639-3499) 내 관광안내소에서 렌트카 문의가 가능하다. **승용차** 경부고속도로-대전~통영 고속도로-신거제대교 지나 좌회전-성포-옥포-장승포

 먹을 곳

백만석씨댁 거제도의 별미는 멍게비빔밥이다. 멍게를 잘게 썰어 냉동고에서 4~5일간 숙성시킨 후 김, 깨소금, 참기름을 넣고 밥에 비벼먹는다. 맑은 우럭지리와 숭늉까지 곁들이면 금상첨화다. 1인분 1만 원(1인분 가능). 거제시청 옆 공설운동장으로 올라가는 길 입구 좌측 도로가에 있다. **문의** 055-637-6660 **항만식당** 장승포항 인근에 있으며 해물뚝배기와 해물김치찌개로 소문난 집이다. **문의** 055-682-4369 **기타** 지심도 안에는 별도의 식당이 없으나 민박집에 의뢰하면 가정식 백반이나 매운탕, 닭백숙 등의 식사를 할 수 있다.

 잠잘 곳

지심도에는 민박집만 있다. 지심도 안내 사이트(www.jisimdoro.com)에 들어가면 관련된 내용을 알 수 있다.
동백하우스 055-681-3001 **피싱하우스** 055-682-4024
동백섬민박 055-681-7181 **해돋이민박** 055-681-7180
거제도비치호텔 055-682-5161

지심도 여객선 이용 정보

선착장 위치 장승포 동사무소 옆 **승선료** 성인 1만2천 원, 어린이 6천 원(왕복) **출항 시간** 장승포에서 지심도로 가는 배는 동절기를 제외하고 한 시간마다 운항된다. **문의** 011-835-2276

| 함께 둘러볼 곳 |

✚ 해변을 따라 봄바람 드라이브

장승포에서 지세포를 거쳐 학동해변, 바람의 언덕, 노을이 아름다운 홍포전망대로 이어지는 40km가량의 해변도로는 드라이브 코스로 손꼽힌다.

처음 만나는 명소는 학동 몽돌해변. 작은 몽돌이 길이 1.2km, 폭 50m 해변에 펼쳐져 있다. 파도에 밀려 구르는 몽돌 소리는 한국의 아름다운 소리 100선에 선정되었다. 여기서 다대마을을 거쳐 만나게 되는 여차해변도 흑진주빛 몽돌로 이루어져 있다. 여차해변을 지나 홍포까지 약 4km가 비포장도로다. 자연미를 살리기 위해 일부러 포장을 하지 않은 구간이다.

산길을 따라 정상에 오르면 홍포전망대. 이곳에 서면 대병대도를 비롯해 소병대도, 대매물도, 소매물도, 국도, 가왕도 등이 한눈에 보인다. 특히 해질 무렵 섬 사이로 퍼지는 붉은 노을은 이곳의 백미로 꼽힌다.

✚ 살랑살랑 봄바람 맞는 '바람의 언덕'

거제시 남부면 도장포마을 인근의 야트막한 산자락 밑에 폭 파묻힌 포구 끝에 자리한 해안절벽지대로, 바다를 향해 동그스름하게 뻗어 있는 모양새가 독특하다. 운동장처럼 넓고 평평한 공간 위로 이어진 구릉은 온통 무릎 높이의 키 작은 풀로 덮여 있다. 언덕 곳곳에 벤치도 있어 푸른 바다를 감상하기에 그만이다.

언덕 아래 바닷물 속에는 연둣빛의 아담한 무인등대도 서 있어 아기자기함을 더한다. 해가 지면 언덕에 줄줄이 늘어선 가로등이 밤새 불을 밝힌다. 바람의 언덕에서 올라와 도로를 사이에 두고 도장포마을 건너편에 있는 신선대도 들러볼만하디. 볼그스름힌 섹의 널찍한 바위가 켜켜이 쌓인 모습이 독특하다.

붉고 붉은 동백이 만든
매혹적인 미로숲

전라남도 여수 앞바다에 자리한 오동도. '바다의 꽃섬' 또는 '동백섬'이라 불리기도 하며 먼 옛날 이곳 일대에 오동나무가 유난히 많아 '오동도'라 불렸다고 한다. 임진왜란 때는 오동도에 충무공 이순신 장군이 손수 심어서 활로 만들어 썼다는 해장죽(海藏竹)이 많아서 '죽섬'이라 불리기도 했다.

동쪽으로는 한려해상국립공원, 서쪽으로는 다도해해상국립공원이 시작되는 관광의 요충지로 알려진 오동도 곳곳에는 섬의 명물인 동백나무와 해장죽을 비롯하여 참식나무, 후박나무, 팽나무, 쥐똥나무 등 200여 종의 나무들이 군락을 이루고 있다. 하지만 오동도 하면 뭐니뭐니 해도 동백을 따를 나무가 없다. 섬 곳곳에 자리한 5,000그루 상당의 동백나무는 2월 하순에 꽃봉오리를 내밀기 시작해 3월 하순경 절정을 이룬다. 오동도의 동백꽃은 다른 곳에 비해 크기가 작고 촘촘히 피어나는 것이 특징이다. 짙푸른 잎과 붉은 꽃잎, 샛노란 수술이 선명한 색상대비를 이뤄 강렬한 인상을 더하는 동백꽃은 특히 해안가 근처에 군락을 이루고 있어 풍광이 뛰어나다.

문득 오동도 동백나무에 얽힌 전설이 떠올라 가슴을 아리게 한다. 먼 옛날 오동도에 아리따운 여인과 어부가 함께 살았는데 어느 날 도적떼에 쫓기던 여인이 정조를 지키기 위해 벼랑 아래 깊고 푸른 바다에 몸을 던졌다. 뒤늦게 사실을 알고 돌아온 남편이 오동도 기슭에 정성껏 무덤을 지었고 북풍한설이 내리는 그해 겨울부터 하얀 눈이 쌓인 무덤가에 동백꽃이 피어나고 푸른 정절을 상징하는 해장죽이 돋아났다고 한다. 이처럼 애틋한 사연으로 인해 이 고장 사람들은 오동도의 동백꽃을 가리켜 '여심화(女心花)'라고 부르기도 한다.

한때는 그야말로 섬이었지만 지금은 길이 768m의 긴 방파제가 육지와 연결돼 들고나는 것이 수월해졌다. 오동도 입구의 방파제가 시작되는 지점부터 오동도까지는 동백열차가 운행되고 있다. 동백열차를 타고 들어가는 것도 좋지만 시원한 바닷바람을 쐬며 쉬엄쉬엄 걸어가는 맛도 일품이다. 방파제를 건너 섬 안에 들어서면 음악분수가 나오며 오전 11시부터 오후 10시까지 30분 간격으로 10~15분간 분수 쇼

'바다의 꽃섬' 오동도 곳곳에는 알싸한 동백꽃 향을
온몸으로 느낄 수 있는 휴식 공간이 마련되어 있다.

동백꽃 향에 취해
숲길을 거닐다보면
저 아래 푸른 바다가
드넓게 펼쳐져 있다.

가 펼쳐진다(12월~2월은 동파 관계로 중지한다). 물줄기가 음악에 맞춰 이리저리 움직이며 경쾌하게 춤을 춘다. 가끔 솟구친 물줄기가 바람을 타고 흩날리며 탱글탱글 물방울이 얼굴을 스치면 기분이 상쾌해진다. 쩌렁쩌렁 울리는 음악 소리도 시원하다. 분수대 주변 잔디광장에는 거북선과 판옥선도 있다.

분수대를 지나면 식물원 뒤로 동백나무숲으로 들어가는 산책로가 이어져 있다. 섬 전체에 거미줄처럼 뻗어 있는 산책로는 연인들의 데이트 코스로도 인기가 높다. 섬 꼭대기에는 하얀 등대가 자리하고 있는데 이 등대를 둘러싸고 산책로가 여러 갈래로 뻗어 있다. 이국적인 야자수와 대나무처럼 생긴 해장죽, 동백나무가 어우러진 산책로가 곳곳에서 마주쳐 마치 미로 속을 헤매는 듯하다. 산책로 한편에는 삼림욕과 발 지압을 동시에 할 수 있는 200m 길이의 맨발 지압로가 마련되어 있다. 주먹만한 자갈, 손톱만한 자갈, 나뭇등걸 등이 깔려 있으며 발을 부위별로 골고루 자극해 한 번 왕복하고 나면 발바닥뿐만 아니라 온몸이 개운해진다. 사방으로 뻗은 오솔길을 이리저리 다 걸으려면 2시간은 족히 걸린다.

동백숲길을 걷다보면 오동도 전설비가 있는 삼거리 한가운데에 커다란 동백나무 한 그루가 버티고 서 있는 것을 볼 수 있다. 수령 400년 정도로 추정되며 오동도에서 가장 오래된 동백나무다. 동백꽃은 나무에 매달린 온전한 꽃을 보는 것도 좋지만 꽃 떨어진 꽃길을 걷는 맛도 좋다.

동백꽃은 새털처럼 한 잎 두 잎 바람에 날리듯 지는 벚꽃과는 다르다. 붉은빛이 가장 아름답게 피었다고 생각될 즈음 마치 목이 부러지기라도 하듯 송이째 '툭' 떨어진다. 때문에 동백은 꽃이 피었을 때와 떨어질 때를 모두 봐야 '참 멋'을 알 수 있다.

섬 정상에 자리한 등대 전망대에 오르면 탁 트인 바다와 함께 발 아래로 오동도 동백숲과 돌산대교, 점점이 흩어진 섬들까지 한눈에 들어온다. 선망대 앞 보도블록이 가지런하게 깔려 있는 산책로에서 벗어나 숲 사이로 난 오솔길을 따라 내려가면 바닷가로 이어진다. 바닷가의 절벽 끝에는 용굴이라 불리는 동굴도 살포시 숨어 있다. 파도가 부딪치는 절벽 아래 바위 위에서는 파도소리를 벗 삼아 낚시를 즐기는 강태공들의 모습도 보인다. 곳곳이 그림이 되는 곳이다.

오동도의 운치를 좀더 즐기려면 오동도 유람선이나 모터보트를 타고 섬 주위를 한 바퀴 둘러보는 것도 좋다. 자산공원 바로 아래 있는 선착장에서 출발, 오동도 해안가의 병풍바위, 용굴, 지붕바위, 용치굴 등을 감상할 수 있다.

| 알고 가면 더 즐겁다 |

찾아가는 길

대중교통 여수시외버스터미널 앞에서 6, 7, 333, 999번 버스를 타고 여수엑스포역에서 내린다. 기차를 타고 여수엑스포역에서 내리면 오동도 입구까지 도보 5분 정도다. 문의 여수시청 교통행정과 061-690-8361

승용차 경부고속도로–천안~논산 고속도로–호남고속도로–광주–순천IC–(17번 국도)–여수시–여수역 방향–오동도

공원 이용 정보

공원 입장 시간 오전 6시~오후 10시(11~2월 오후 9시) 입장료 무료 동백열차 운행 시간 오전 9시~오후 7시(11~2월 오후 5시까지) 탑승료 성인 8백 원, 청소년 6백 원, 어린이 5백 원 문의 061-663-4424, 오동도관광안내소 061-664-8978

먹을 곳

동백회관 오동도 바로 앞에 위치하며 한정식으로 유명한 곳으로 특정식을 시키면 수십 가지 음식이 푸짐하게 나온다. 문의 061-664-1487

대교식당 여수 동산대교 인근에 있는 식당으로 감칠맛 나는 갈치조림이나 게장에 다양한 밑반찬이 푸짐하게 곁들여 나오는 맛집이다. 문의 061-642-4555

유명횟집 돌산공원 인근에 있는 식당으로 다양한 음식이 곁들여 나오는 싱싱한 회를 맛볼 수 있다.
문의 061-644-8040

잠잘 곳

오동재 한옥호텔 여수엑스포공원에서 2km 거리에 위치한 한옥호텔이다. 여수 시내의 야경과 아침 일출을 감상할 수 있도록 전 객실이 바다를 향해 배치되어 있다.
문의 061-650-0300

오동도 인근 이코노미호텔 061-661-0331

HS관광호텔 061-662-9996

| 함께 둘러볼 곳 |

✛ 자산공원

여수 시민들의 쉼터이자 오동도가 한눈에 내려다보이는 전망 좋은 곳으로, 오동도 방파제 오른편으로 나 있는 가파른 층계와 구불구불 이어진 길을 따라 600m 정도 올라가면 있다. 공원에 오르면 오동도 전경은 물론 여수 시가지와 돌산대교 등을 두루 감상할 수 있다. 특히 이곳에서 내려다보는 오동도의 모습은 가슴이 탁 트이는 시원함이 곁들여져 섬 안에서 느끼는 것과는 또 다른 맛을 준다. 공원 정상에는 국내에서 규모가 가장 큰 이충무공 동상(높이 15m)을 비롯하여 충혼탑이 서 있고 일제강점기에 일본군이 여수에 있던 일본군 비행장을 보호하기 위해 포대를 설치한 고사포 흔적도 남아 있다. 공원 정상에서 오동도 반대편으로 내려오는 길목에는 수천 그루의 상록수와 화초들이 식재되어 있어 천천히 산책하기에 좋다.

✛ 만성리해수욕장

검은 모래로 유명한 곳으로, U자형으로 폭 파묻힌 바닷가에 들어서면 푸른 하늘 아래 거무튀튀한 해변이 이색적이다. 여수시 만흥동 만성리에 위치한 이곳의 검은 모래로 찜질을 하면 신경통과 부인병, 위장병에 효과가 있는 것으로 널리 알려져 매년 음력 4월 20일에 그 효험을 알리기 위해 '검은 모래 눈 뜨는 날'이라는 이색행사를 실시하고 있다. 때문에 이즈음에는 전국 각지에서 온 사람들로 해변이 북적북적하다. 아울러 만성리해변 언덕 위로 오르면 여수역으로 이어지는 기찻길이 정동진처럼 바다와 나란히 뻗어 있는 모습이 그림 같다. 일제강점기 시절 자연암석으로 이루어진 산을 쇠망치와 정으로만 쪼아 만든 독특한 형태의 마래터널도 볼 수 있다.

봄을 알리는
노란빛 별의 향연

개나리 ●**개화 시기** 4월 초순 ●**특징** 물푸레나무과에 속하며 원산지는 한국이다. 잎보다 꽃이 먼저 피는 개나리는 2~3m 크기로 자라며 줄기는 곧게 서지만 끝이 밑으로 처지는 게 특징이다. 봄에 노란 꽃을 피운 후 6월 즈음 열매를 맺기 시작하고 가을에 이 열매를 따서 건조시킨 것이 한약재로 사용되는 연교(連翹)다. 연교는 특히 해열제로 효과가 높고 항균 작용도 뛰어난 것으로 알려져 있다. ●**꽃말** 희망

중랑천 줄기와 한강이 만나는 지점에 위치한 응봉산은 높이 95m의 야트막한 산이지만 모양새가 매의 머리 형상을 닮았다 하여 '응봉(鷹峯)'이라는 이름이 붙었다. 서울의 봄을 가장 먼저 알리는, 봄의 메신저다. 1980년대 들어 도시 개발로 인해 산자락이 이리저리 깎인 지금은 맹금의 형세를 찾아보기 어렵지만 개발 이후 산자락의 모래흙이 흘러내리는 것을 방지하기 위해 심기 시작한 약 20만 그루의 개나리가 이제는 응봉산의 상징이 되어 일명 '개나리동산'으로 불린다.

응봉산 개나리는 3월 하순부터 쫑긋쫑긋 얼굴을 내밀기 시작해 4월 초순경이면

온 산을 뒤덮으며 노란 꽃동산을 만든다. 만개한 개나리가 바윗덩이로 이뤄진 암팡진 봉우리를 휘감은 채 중랑천에 그림자를 드리우면 물빛조차 노랑 물결로 일렁인다. 여기에 간간히 산 밑으로 지나가는 기차가 어우러진 모습은 한 폭의 그림을 이뤄 사진작가들을 매혹시킨다. 중랑천을 가로지르는 용비교에 들어서면 이 멋진 풍경을 사진에 담을 수 있다.

한강 자락을 굽어보고 있는 응봉산은 중앙선 전철인 응봉역에서 내려 걸어가면 된다. 1번 출구로 내려와 왼쪽에 자리한 응봉빗물펌프장과 주택가를 지나면 응봉산 정상에 오를 수 있다. 응봉역에서 응봉산 정상까지는 1.2km 정도다.

응봉역에서 바로 보이는 빗물펌프장을 지나면 갈래길이 나오는데 펌프장을 끼고 오른쪽 길로 접어들어 10m가량 지나면 왼쪽에 오르막길이 보인다. 이 길을 따라 주택가를 지나 언덕길을 오르다보면 암벽등반공원도 만나게 된다. 여기서부터 노랗게 피어난 개나리 행렬이 이어진다. 화사한 꽃이 만발한 길을 걷다보면 어느새 봄볕의 따스함을 몸안 가득 받아들이는 느낌이다.

암벽등반공원을 지나 조금 더 오르면 산자락을 따라 나무데크로 만든 길이 이어진다. 산책로를 따라 노란 개나리는 물론 하얀 벚꽃과 간간히 분홍빛 진달래까지 어우러져 봄의 정취가 흠뻑 묻어난다. 봄이 만들어낸 화려한 향연에 취해 걷다보면 노란 개나리 사이로 유유히 흐르는 한강물과 파란 하늘이 어우러진 서울의 모습이 서서히 드러난다. 평범해보이는 광경이지만 걷는 걸음걸음 자꾸만 설렌다.

정상에 오르면 아담한 마당 한복판에 팔각정이 자리하고 있다. 이곳은 한강을 중심으로 탁 트인 서울의 전경을 그대로 내려다볼 수 있는 전망 포인트다. 유유히 흐르는 한강을 가로지르며 줄줄이 놓인 다리, 강변 너머 빌딩숲, 코앞에서 싱그러움을 자랑하는 서울숲이 한눈에 들어온다. 이곳은 특히 아름다운 서울의 야경을 볼 수 있는 명소로도 유명해 늦은 오후 천천히 산책을 하고 나서 해질 무렵 서울의 야경을 감상하기에 좋다.

땅거미가 짙어지면 강 너머 아파트촌의 불빛이 점점이 밝혀지고, 한강을 가로지르는 다리들은 알록달록 불빛을 발하며 제각각 멋을 부린다. 강변도로를 오가는 차들의 불빛까지 더해져 봄날의 밤을 더욱 근사하게 만든다.

응봉산 개나리축제

개나리가 만개하는 매년 4월 초에 응봉산 팔각정을 중심으로 개나리축제가 열린다. 축제 기간에는 개나리음악회, 재즈 공연 등과 함께 어린이 그림 그리기와 글짓기 대회, 페이스페인팅, 풍선아트, 먹을거리 장터 등이 펼쳐진다.
문의 성동구청 문화체육과 02-2286-5206

| 알고 가면 더 즐겁다 |

 ### 찾아가는 길

대중교통 중앙선 전철 응봉역에서 내려 1번 출구로 나오면 출구를 등지고 왼편으로 응봉빗물펌프장을 지나 응봉산으로 오르는 길이 연결되어 있다.

승용차 성수대교 북단에서 응봉로와 응봉교를 지나 사거리에서 좌회전한다. 대림아파트를 지나 골목길을 따라 올라가면 응봉산 암벽등반공원 주차장이 있는데 이곳에 차를 주차하고 걸어 올라간다.

 ### 먹을 곳

희래영양돌솥밥전문점 응봉산 바로 아래 아파트촌 입구에 자리하고 있으며 은행, 밤, 고구마, 호박 등을 넣어 지은 돌솥밥에 다양한 밑반찬이 곁들여 나온다. 문의 02-2291-4494

소녀방앗간 서울숲 인근에 있는 한식집으로 재래식 간장에 잰 떡갈비와 간장코다리찜이 맛있는 곳이다. 문의 02-6268-0778

| 함께 둘러볼 곳 |

✚ 서울숲

중랑천을 사이에 두고 응봉산 맞은편에 자리한 서울숲은 35만여 평의 넓은 부지에 울창한 생태숲은 물론 나비온실, 식물원, 문화예술공원 등 다양한 형태로 조성되어 있다. 특히 꽃사슴을 비롯한·야생동물이 서식하고 있는 생태숲과 바닥분수가 춤을 추는 문화예술공원은 잔디밭 주변에 독특한 조각품들도 많아 천천히 산책하며 구경하기에 좋다. 응봉역 앞에서 중랑천변으로 이어지는 자그마한 굴을 지나면 강변산책로를 따라 서울숲으로 연결되는 길이 나 있다. 응봉역에서 서울숲까지는 1.4km로, 강변을 따라 천천히 걸어가도 좋고 응봉역 바로 옆에 있는 자전거대여소에서 자전거를 빌려 강바람을 맞으며 시원스럽게 달려가는 것도 좋다.

자전거 대여소 서울숲공원 내 5번 출입구 앞

대여료 1시간 1인용 3천 원(하루 1만 원)

　　　　2인용 6천 원(하루 2만 원)

문의 02-499-2286

봄눈 내리는 길 위를
사뿐히 걷는 마음

벚꽃 ●**개화 시기** 4월 초순~4월 중순 ●**특징** 봄을 가장 화려하게 장식하는 꽃을 꼽는다면 단연 벚꽃이라 해도 과언이 아니다. 장미과에 속하는 왕벚꽃나무는 국화로 삼고 있는 일본이 원산지라 주장하지만 원래는 제주도 한라산과 해남 두륜산이 원산지로 알려져 있다. 잎보다 꽃이 먼저 피는 벚나무는 번식력이 아주 강한 나무로 4월 초순부터 시작해 중순이면 전국을 하얀 꽃구름으로 뒤덮는다. 벚꽃의 개화일은 한 개체 중 몇 송이가 완전히 피었을 때를 말하므로 꽃이 만개한 시기와는 약간 다르다. 또한 벚꽃은 한 번에 흐드러지게 피었다 한꺼번에 지는 특성으로 인해 만개일을 제대로 알고 떠나는 것이 좋다. ●**꽃말** 뛰어난 미인

경남 창원의 진해는 세계에서 벚나무가 가장 많다 하여 '벚꽃 1번지'로 꼽히는 곳이다. 봄기운이 무르익어가는 4월이 되면 진해는 전국에서 가장 화려한 도시로 탈바꿈한다. 수십만 그루의 왕벚꽃이 일제히 피어오르면 온 천지가 솜사탕처럼 하얗게 뒤덮인다. 행여 한줄기 바람이라도 불면 진해 전역에서는 하얀 꽃눈이 내린다. 꽃눈은 거리와 철길을 순백으로 물들이고, 사람 머리 위에도, 거리에 세워둔 자동차에도 살포시 내려앉는다. 시내 한복판을 가로지르는 실개천에도 조막만한 꽃잎 배들이 동동 떠다닌다. 왕벚나무는 벚나무 중 으뜸인 수종으로 다른 종보다 꽃이 탐스럽고 그 양이 많다.

진해는 도시 전체가 벚꽃 천지로, 벚꽃의 명소를 찾는 일이 무의미할 수도 있다. 굳이 명소를 꼽는다면 장복산공원, 안민고개, 시루봉, 제황산공원, 여좌천, 해군사관학교, 경화역 등이 유명하다. 그중에서도 시루봉은 꽃눈을 맞으며 산책을 하기에 더

없이 좋은 곳이다.

진해 시내에서 바라보면 남동쪽 산줄기에 볼록 솟아난 산봉우리가 눈에 띈다. 진해시 자은동과 웅천 1동에 걸쳐 있는 이 산의 이름은 웅산(653m). 정상에 우뚝 솟은 바위가 마치 시루를 얹어놓은 것 같다 하여 시루바위로 이름 붙어 진해 시민들은 이 산을 '시루봉'이라 부른다. 높이 10m, 둘레가 50m나 되는 이 거대한 바위는 사실 시루라기보다는 볼록 튀어나온 유두가 있는 여인의 봉긋한 가슴 모양에 더 가깝다. 시루봉은 조선시대 명성황후가 순종을 낳은 후 세자의 무병장수를 비는 백일제를 올렸을 만큼 명산으로 꼽힌다.

시루봉은 자운동 삼성아파트 뒤편 자운초등학교 옆으로 오르는 길이 아기자기하다. 이곳에서 시루봉 정상까지는 약 3km. 입구에서부터 벚나무들이 길 양옆으로 줄줄이 늘어서서 하늘을 하얗게 덮어놓아 걸을 때마다 기분이 좋아지는 산책로다. 자

때론 매끄럽게, 때론 힘 있게
뻗어 있는 산자락에는
봄 소식이 조심스레 내려앉는다.

운초등학교에서 조금 오르면 평지인 것 같으면서도 완만한 오르막길이 나온다. 걸음을 옮길수록 발밑으로 벚꽃이 하얗게 내려앉은 풍경이 화사하다. 바람이 불면 우수수 떨어지는 꽃잎으로 새하얀 눈발이 날리는 것만 같다. 산책로에는 야생차밭도 군데군데 있다. 어디든 대부분 들어가지 말아라, 따지 말아라는 문구가 보통인데, 이곳에서는 '시민의 재산이므로 누구나 채취해갈 수 있다'라는 문구가 이채롭다.

800m 정도 올라가면 벚꽃이 흐드러진 작은 마당에 평상이 있어 잠시 누워보는 것도 좋다. 하얀 벚꽃 사이로 살짝 보이는 파란 하늘을 엿보는 맛이 그만이다. 이곳까지는 어느 정도 완만한 오르막길이지만 평상을 지나면서부터는 조금씩 가팔라지기 시작한다. 평상을 지나 500m 더 오르면 또 다시 정자와 벤치가 놓인 쉼터가 있다. 내처 오르기 아까운 길이라서 그럴까? 중간 중간 쉬어가며 벚꽃을 감상하라는 무언의 암시 같다. 쉼터에서 조금 더 오르면 산자락을 가로지르며 돌이 깔린 널찍한 도로를 만나게 된다. 도로 위쪽으로 오르면 시루봉, 도로 왼편을 따라 가면 벚꽃길로 이름난 안민도로를 거쳐 진해 시내로 내려가게 된다.

이 지점부터는 간간히 쭉쭉 뻗은 소나무 숲길이 이어진다. 소나무 사이로 분홍빛 진달래가 수줍은 듯 살짝 고개를 내민 모습도 상큼하다. 걷다보면 군데군데 나무 기둥에 의미 있는 글귀도 붙어 있다. '큰 발심을 가진 사람은 작은 욕심에 연연하지 말아야 한다', '항상 넉넉한 마음과 넉넉한 언행을 하라', '선은 들추어낼수록 그 공이 약해지고 악은 감추어둘수록 그 뿌리가 깊어진다' 등 천천히 산을 오르다 하나씩 깨달음을 얻는 맛도 있다. 그렇게 오르다보면 시루샘터라 하여 약수를 받아먹는 곳도 있다. 이곳에도 어김없이 쉬어갈 수 있는 벤치가 있다. 약수터를 지나 조금 더 오르면 정자가 있는 제법 넓은 마당이 나온다. 잠시 숨을 고르다 보면 어느새 바다와 어우러진 진해시 풍경이 눈에 들어온다.

이곳에서 시루봉 정상까지는 600m. 정상에 우뚝 솟은 시루바위까지 이어지는 나무계단 길이 지그재그로 놓여 있는 모습이 제법 독특하다. 시루봉의 진수는 바로 이 나무계단을 오르는 맛이다. 계단을 오를 때마다 점점 더 시원하게 모습을 드러내는 진해의 풍광이 그림 같다. 막바지 오르막 계단에 땀방울이 보송보송 맺히기도 하지만 정상에 오르면 진해시와 거제 앞바다까지 한눈에 보이는 탁 트인 전망이 그야말로 일품이다.

진해 군항제

매년 4월 초에 시작하여 열흘 동안 창원시 진해구 일원에서 열린다. 군항제는 1952년 충무공 동상을 세우고 추모제를 행한 것이 유래가 되어 1963년부터 해마다 벚꽃이 피는 시기에 맞춰 개최되는 유서 깊은 축제이다. 전야제, 추모제, 경축식, 시가행진, 문화예술공연 등으로 나뉘어 진행되는 군항제 행사 중 백미로 꼽히는 것은 이충무공 승전행차, 임진왜란 당시 전승을 거둔 이충무공의 호국정신을 기리는 행사로 진해 시민, 학생, 군인 등 수백 명이 참여하여 화려한 행렬을 재현한다. 700여 m에 달하는 행렬은 진해 공설운동장을 출발해 중원로터리, 진해역 등 시내 일원에서 2시간 동안 진행된다.

문의 창원시 축제위원회 055-225-3041

| 알고 가면 더 즐겁다 |

찾아가는 길

대중교통 기차를 이용해 창원중앙역에서 내리면 역 앞에서 210, 220번 버스를 탄다. 은아아파트 후문에서 151번 버스로 갈아타고 경화역 정류장에서 내린다.

승용차 중부내륙고속도로–내서JC에서 마산 방면–서마산IC에서 나와 진해 시청 방면 좌회전–장복터널–진해구

먹을 곳

원조이동아구찜 진해구 이동 사거리 인근에 있는 곳으로 매콤한 아귀찜과 더불어 나오는 부침개가 별미다. 문의 055–543–6249

진상 진해시 이동에 위치하며 톳, 다시마, 파래, 미역, 청각 등 17가지의 상큼한 해초류를 넣어 만든 해초비빔밥과 시원하고 얼큰한 생대구탕이 일품이다.

문의 055–547–1678

산채한정식 진해 석동경찰서 뒤편에 자리한 곳으로 영양만점의 가정식 백반을 맛볼 수 있다. 문의 055–543–7966

잠잘 곳

진해구 일원에 숙박업소가 많다.

유토피아관광호텔 055–547–2660

프린스모텔 055–545–8173

힐스모텔 055–544–6232 궁모텔 055–545–6690

파라다이스모텔 055–552–8495 모텔만궁 055–546–3188

아리랑모텔 055–543–3993 몰디브모텔 055–547–1308

로얄모텔 055–547–6595 마돈나모텔 055–547–6661

하얏트모텔 055–546–3211 K2모텔 055–547–8495

| 함께 둘러볼 곳 |

+ 장복산공원

진해시를 병풍처럼 둘러싼 장복산(582m)은 울창한 송림과 함께 1만여 그루의 벚나무가 빼곡히 들어찬, 진해의 대표산이다. 기슭에는 공원이 조성되어 산등성이를 하얗게 덮은 벚꽃을 볼 수 있다. 창원에서 마진터널을 통과하자마자 나오는 진해시민회관에서 터널 방향으로 5분 정도 걸으면 장복산공원 산책로가 나온다.

+ 여좌천

해군사관학교 들어가는 길목에서 시작된다. 좁은 실개천 위로 벚꽃 터널이 이어지고 물가에는 유채꽃까지 피어 사진 촬영장소로 인기가 높다. 천변 위에는 약 1.5km에 이르는 나무데크 산책로와 아담한 다리, 맨발 지압로도 조성되어 있다. 그중 가장 인기 있는 다리는 '로망스 다리'로, 드라마 〈로망스〉에 등장했다.

+ 해군사관학교&해군기지사령부

군항제 기간에만 개방되며 바다와 어우러진 풍경이 아름답다. 실물 크기로 복원된 거북선이 바다 위에 떠 있고 충무공 이순신과 옛 수군에 관련된 자료가 있는 해군사관학교 박물관도 둘러볼 수 있다.

+ 제황산공원

진해 중심가에 위치한 제황산(90m)에 조성된 공원으로 정상에는 진해를 상징하는 탑과 시립박물관이 있다. 8층 높이의 전망대에 올라서면 벚꽃으로 덮인 진해시가지와 바다가 한눈에 보인다. 축제 기간에는 밤마다 일명 '일년 계단'이라 불리는 365 계단을 가로지르는 수십 개의 아치형 루미나리에 불빛이 화려하다. 계단 초입 중원로터리 옆에는 야시장도 열린다. 시립 박물관 관람 시간 오전 9시~오후 6시 관람료 무료

+ 경화역

고즈넉한 철길을 따라 화사한 벚꽃이 가득해 가족 단위, 연인들이 즐겨 찾는 곳이다. 철로를 걷지 말라는 푯말이 있지만 벚꽃이 만개하는 축제 기간에는 경고문도 무용지물이 될 만큼 철길을 걷는 사람들로 빼곡하다. 어쩌다 한 번씩 지나가는 기차가 기적소리를 울리면 사람들은 플랫폼에 늘어서서 기차와 어우러진 벚꽃 풍경을 일제히 카메라에 담는다.

뽀얗게 피어난 꽃송이가 내려앉는 길

구례에서 하동으로 이어지는 섬진강변 19번 국도. 그 길목에는 전라도와 경상도를 이어주며 번성했던 화개장터가 자리하고 있다. 지금은 예전의 북적대던 모습을 찾아보기 어렵지만 벚나무들이 일제히 꽃망울을 터뜨리는 4월이 되면 이곳 역시 전국 각지에서 몰려든 사람들로 북새통을 이룬다. 화개장터에서 쌍계사의 초입까지 이어지는 그 유명한 '십리벚꽃길' 때문이다.

사랑하는 연인과 함께 하늘하늘 날리는 벚꽃을 맞으며
걷는 재미가 쏠쏠하다.

구불구불한 화개천을 따라 쌍계사까지 이어지는 길은 약 5km다. 길 양편에서 머리를 맞대고 있는 벚나무에 꽃이 만개하면 안개를 뿜어 올리듯 뽀얗게 피어난 꽃송이들이 하늘을 덮은 모습이 그야말로 장관이다. 벚꽃 터널이 끝없이 이어지는 길로 천천히 걸으며 꽃구경을 하기에 안성맞춤이다. 이 길은 특히 젊은 남녀들이 걸으며 백년해로를 기약하는 경우가 많다 하여 '혼례 길목'으로도 불린다. 간혹 흐드러지게 핀 벚꽃을 시기한 바람이 세차게 벚나무를 휘어잡으면 나뭇가지에 매달려 하늘거리던 벚꽃이 일제히 흩날리며 하얀 꽃비가 내리는 모습도 환상적이다.

화개장터에서 화개천을 넘어 쌍계사로 향해 걷다보면 윗길과 아랫길로 갈라진다. 윗길은 나무데크, 아랫길은 화개친 몰길 옆을 걷게 되는데 어느 정도 걸으면 갈라졌던 길이 다시 합쳐지므로 어느 곳으로 가든 상관없다. 단, 화개천을 따라 화사하게 핀 벚꽃이 한눈에 보이는 전망은 나무데크 길이 더 좋다. 쌍계사로 가는 길목에는 벚꽃뿐만 아니라 초록빛 야생차밭도 줄줄이 펼쳐져 십리벚꽃길의 멋을 더해준다. 그

화개꽃길 끄트머리에 있는 쌍계사는
고즈넉한 분위기로 편안하게 둘러보기에 좋다.

멋진 풍경을 음미하며 걷다보면 십릿길도 그다지 지루하지 않다.

화개꽃길 끄트머리에서 쌍계교를 넘으면 쌍계사로 이어진다. 쌍계사로 들어서기 전 쌍계(雙溪)와 석문(石門)이라 새겨진 두 개의 큰 바위가 눈에 띄는데 이는 최치원 선생이 지팡이 끝으로 쓴 글씨라는 전설이 있어 흥미롭다. 일주문을 지나 대웅전에 이르기 전까지 산비탈을 이용한 낮은 돌계단을 올라 문을 하나씩 통과할 때마다 사찰 안으로 깊숙이 빨려 들어가는 듯한 묘한 느낌이 든다.

대웅전 옆길로 돌아 불일폭포로 가는 길목도 좋다. 호젓한 산책로를 따라 2.5km 가량 걸으면 불일폭포. 물의 양이 많을 때에는 높이 60m의 절벽에서 떨어지는 물이 협곡을 진동시키며 그 소리를 사방 1km 내에서도 들을 수 있다고 한다. 쌍계사를 둘러보고 해질 무렵 산자락에 울려 퍼지는 법고와 목어, 은은한 범종 소리를 듣는 것도 좋다.

화개장터 벚꽃축제

매년 4월 초, 섬진강변 화개장터 일원에서 열린다. 벚꽃이 만개하면 화개장터에서 쌍계사에 이르는 십리벚꽃길뿐만 아니라 하동읍에서 구례읍을 잇는 섬진강변 100리 길도 온통 벚꽃길이 되어 축제 무렵이면 꽃구경을 나선 차량들로 줄을 잇는다. 축제 기간에는 씨름대회를 비롯한 각종 민속놀이와 공연이 펼쳐진다. **문의** 화개면 청년회 055-883-5715

| 알고 가면 더 즐겁다 |

 ### 찾아가는 길

대중교통 시외버스를 이용하여 하동에 도착하면 하동
터미널에서 화개로 가는 버스가 수시로 운행된다. **문의**
하동터미널 055-883-2663

승용차 경부고속도로-대전~통영 고속도로-순천 방향
남해고속도로-하동IC-하동읍-구례 방면 19번 국도-
평사리-화개장터/호남고속도로-전주IC-남원 방면 17
번 국도-남원 춘향터널 지나자마자 우회전-고가도
로-밤재터널-구례-19번 국도-화개장터

 ### 먹을 곳

동백식당 섬진강의 별미는 시원하고 구수한 국물에 부
추를 듬뿍 넣은 재첩국과 참게탕이다. 화개장터 인근
에 위치하며 재첩정식과 참게탕, 은어회와 은어구이,
은어튀김 등을 맛볼 수 있다. **문의** 055-883-2439

기타 하동읍에서 화개장터로 이어지는 19번 국도변에
재첩국과 참게장 등을 판매하는 식당이 아주 많다. 어
느 집을 들어가도 맛이나 가격은 비슷하다.

 ### 잠잘 곳

하동읍내 고궁모텔 055-884-5300 동원모텔 055-884-
2215 발리모텔 055-884-2393

화개장터에서 쌍계사로 들어가는 길목

화담펜션 055-884-5208 메모리펜션 010-8385-9998
쉬어가는 누각펜션 055-884-0151

| 함께 둘러볼 곳 |

✛ 최참판댁

화개장터에서 하동읍내로 가는 길목엔 박경리의 대하
소설 《토지》의 무대인 악양면 평사리 마을이 있다. 섬
진강을 뒤로 한 채 넓은 논길을 따라 평사리로 들어
서면 드라마 〈토지〉의 촬영 세트장인 최참판댁이 나
온다. 풍채 좋은 두 그루의 소나무가 정겹게 맞이하는
언덕길을 오르다 보면 초가집과 물레방아, 장터 등이
어우러져 사람들을 소설 속으로 이끈다. 그 언덕 중턱
에 자리한 고래등 같은 기와집이 바로 〈토지〉의 주 무
대인 최참판댁이다. 이곳에서 내려다보면 넓은 악양
들판과 유유히 흐르는 섬진강의 모습이 한 폭의 그림
처럼 펼쳐진다.

✛ 평사리 공원

최참판댁 인근에 자리한 평사리공원(하동군 악양면 평사
리)을 둘러보는 것도 좋다. 넓은 주차장 옆에 장승공
원을 설치해 가볍게 산책할 수 있다. 공원 앞을 유유
히 흐르는 섬진강은 강줄기보다 모래사장이 더 넓어
마치 강이 아닌 바다의 백사장 같다. 사각거리는 모
래 위를 맨발로 걸어도 좋고 모래밭에 자신의 염원을
담아 글을 써보는 것도 좋다. 혹 속내를 들킬까 염려
하는 이의 마음을 아는 듯 바람이나 물줄기가 슬며시
지워놓고 가더라도 어머니 품처럼 푸근한 섬진강이
그 소원을 이루어줄 것만 같다.

강바람에 휘날리는
하얀 눈꽃

4월 초순, 벚꽃이 남녘땅을 화사하게 물들이고 나면 4월 중순경에는 서울을 비롯한 수도권 지역 곳곳에서도 화려한 벚꽃잔치가 펼쳐진다. 서울의 대표적인 벚꽃 명소로 자리 잡은 곳은 단연 여의도 윤중로. 국회의사당을 끼고 한강변을 따라 이어진 도로로 흔히 '윤중로'라 불리지만 이곳의 정확한 명칭은 '여의서로'다. 1.7km에 달하는 도로 양편에 1,600여 그루의 왕벚나무가 만개하면 이곳 역시 꽃천지로 변한다. 이즈음은 연일 꽃구경을 나온 인파로 인해 그야말로 사람들에게 밀려다닐 정도며 가급적 대중교통을 이용해 걸어가는 것이 편하다.

꽃 잔치가 펼쳐지는 여의서로는 여의나루역(지하철 5호선)에서 내려 한강시민공원 변을 따라 걸어와야 한다. 300m 정도 걸어가면 마포대교 남단. 다리 앞을 가로지르는 횡단보도를 건너면 왼편에 여의도공원이 자리하고 있다. 마포대교를 건너면 벚꽃명소인 여의서로가 아니어도 국회의사당 앞까지 가는 1km 남짓 되는 길목에도

여의도 윤중로에 벚꽃이 만개할 때면
이 거리는 인산인해를 이룬다.

벚꽃이 가득하다. 푸른 강변을 따라 하얗게 피어난 벚꽃이 더욱 화사해 보인다. 강바람에 꽃잎이 우수수 날리면 하얀 눈꽃을 맞는 느낌이다.

벚꽃을 구경하러 가는 길목에 자리한 여의도공원을 잠시 둘러보는 것도 좋다. 빌딩숲이 병풍처럼 둘러진 공원 안에는 숲과 어우러진 연못과 정자도 있으며, 산책을 하거나 벤치에 앉아 책을 보는 사람들, 점심시간을 이용해 김밥을 사들고 나와 꽃그늘 아래 옹기종기 모여 앉아 먹는 직장인들 모두 평화롭기 그지없다. 고층빌딩과 자동차로 꽉 찬 삭막한 도시에 자연의 숨통을 틔워주는 소중한 공간이다. 걷는 것도 좋지만 자전거를 빌려 공원을 한 바퀴 돌아보는 것도 좋다.

공원을 벗어나 꽃 터널을 이룬 강변길을 걷다 서강대교 남단을 건너면 본격적인 벚꽃길이 시작된다. 국회의사당을 둘러싸고 탐스러운 벚꽃이 가득한 여의서로에 축제가 시작되면 차량통행을 금지해 오로지 사람들만의 통행로가 된다. 이곳에는 벚꽃뿐만 아니라 개나리, 진달래, 철쭉, 조팝나무 등 또 다른 봄꽃들까지 조화를 이뤄 넓게 트인 한강을 배경으로 봄의 향연이 펼쳐진다. 화사한 낮 풍경도 좋지만 밤이 되면 가로등 불빛은 물론 축제 기간에는 특수조명이 벚꽃을 비춰 아름다운 봄밤의 운치를 더한다.

한강 여의도 봄꽃축제

매년 4월 중순경에 여의서로 앞에서 열린다. 축제 기간에는 전문 퍼레이드 공연단과 시민이 함께하는 봄꽃축제 퍼레이드, 문화예술공연, 꽃장식과 사진 전시회 등이 펼쳐진다.
문의 02-2670-3142

조금만 걸으면 한적한 여의도공원과
시원한 강바람을 맞을 수 있는 한강이 있다.

| 알고 가면 더 즐겁다 |

찾아가는 길

대중교통 벚꽃축제가 펼쳐지는 기간에는 아예 차량통행을 금지하므로 대중교통을 이용해야 한다. 지하철 5호선 여의나루역에서 하차―3번 출구로 나와 한강변 도로를 따라 마포대교―서강대교 남단을 가로지르면 윤중로 입구 / 2호선 당산역에서 하차―4번 출구로 나와 일명 '토끼굴'을 지나 한강시민공원을 따라 오른쪽으로 1km 정도 가면 윤중로 입구

먹을 곳

제일제면소 여의도공원 앞 IFC몰 지하에 있는 곳으로, 다양한 야채와 해산물, 고기 등을 입맛대로 골라 먹을 수 있는 회전식 샤브샤브가 별미다. **영업 시간** 오전 11시 ~오후 10시(오후 3~5시 브레이크 타임) **문의** 02-6137-5280

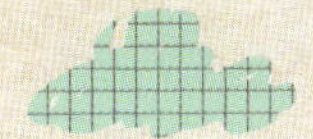

| 함께 둘러볼 곳 |

✚ 여의도공원

여의도에 위치한 공원으로 자연생태의 숲, 문화의 마당, 한국 전통의 숲, 잔디마당으로 구분된다. 자전거 도로와 산책로가 잘 조성되어 있어 가족단위 나들이에 좋다. 공원 입구에서 자전거를 빌릴 수 있고 공원 내에 롤러 브레이드 대여소가 있어 다양한 운동을 즐길 수 있다. 한강 둔치와 연결된 지하보도를 통해 시원한 강바람이 불어오는 한강을 거닐어도 좋다.

마음을 달뜨게 만드는 은은한 복사꽃 향기

안평대군이 꿈속에서 본 황홀한 도원을 고스란히 그려냈다는 안견의 〈몽유도원도〉, 배를 타고 가다 복숭아숲에서 길을 잃던 끝에 무릉도원을 만났다는 진나라의 한 어부 이야기를 그려낸 도연명의 〈도화원기〉. 예부터 이처럼 유토피아를 꿈꾸는 작품에 종종 등장해온 복사꽃은 그 화사한 빛깔과 은은한 향기로 인해 보는 이의 마음을 은근히 달뜨게 한다. 그로 인해 과년한 딸이나 새색시의 춘정이 살아난다고 여겨 한때 집안에 복숭아나무를 심지 않았다는 얘기도 전해온다.

매년 봄이 되면 그렇듯 사람들의 마음을 설레게 하는 곳이 바로 영덕이다. 안동에서 영덕으로 이어지는 34번 국도변. 특히 황장재를 지나 굽이굽이 오십천 물길을 따라 지품면까지 이어지는 길목은 온통 복사꽃 세상이다. 감미로운 봄바람이 부드럽게 어루만지는 달밤에 저 혼자 흐드러지게 피어난다는 복사꽃. 4월 중순 경이면 수줍음 많은 그 꽃이 오십천 일대를 제 얼굴처럼 발그스름하게 물들인다. 눈에 들어오는 사과 들, 그 사이에 둥지를 튼 소박한 산골마을 모두가 연분홍 물결로 넘실거린다.

딱히 어디라 할 것도 없이 눈길 닿는 곳 모두가 복사꽃 풍경이지만 그중에서도 꽃 구경하기에 좋은 곳을 꼽는다면 지품면 삼화리 일대와 옥계계곡으로 향하는 길목에

여기저기 발길 닿는 곳마다
분홍빛의 복사꽃이 수줍게 피어 있다.

자리한 주응리 일대가 아름답다. 특히 삼화1리 마을은 산자락 전체가 복숭아밭으로 덮여 영덕을 대표하는 복사꽃마을로 일컫는 곳이다.

마을 이정표를 따라 안쪽으로 들어서 좁은 산길을 따라 올라가면 서서히 복숭아밭이 펼쳐진다. 완만한 언덕을 끼고 군데군데 무리를 지어 살포시 피어난 복사꽃. 연분홍빛으로 곱게 물든 모습이 싱싱한 사춘기 소녀의 얼굴 같기도 하고 수줍은 새색시 같기도 하다. 화사하고 가녀린 꽃잎과 달리 나뭇가지는 당차고 늠름하다. 군더더기 없이 사방으로 매끈하게 뻗은 모습에서 묘한 매력이 느껴진다.

길을 걷다 잠시 복숭아밭 안으로 들어서 나무 사이로 걷는 맛도 독특하다. 밭고랑에 파릇한 풀들과 함께 피어난 노란 민들레가 '니도 좀 뵈 달라'는 듯 하늘거리고 문득 고개를 들면 파란 하늘이 아닌 분홍빛 하늘이 펼쳐진다. 따사로운 봄빛 아래 화들짝 피어나 열흘가량 세상을 분홍빛으로 물들이다 떨어지는 꽃잎마저도 아름답게 느껴진다. 한줄기 봄바람이 시샘하듯 복숭아나무 가지를 살짝 뒤흔들면 가녀린 꽃잎

푸른 하늘 아래
단아하게 핀 복사꽃이
보는 이를 설레게 만든다.

들은 나비인 양 팔랑팔랑 날아다니다 이내 땅 위에 살포시 내려앉는다. 군데군데 봉긋하게 솟아오른 무덤도 왠지 모를 편안함을 안겨준다.

그렇게 쉬엄쉬엄 언덕길을 걷다 길 끝에서 내려다보면 분홍빛으로 물든 마을 아랫녘으로 부드러운 곡선을 이루며 구불구불 흐르는 오십천이 한눈에 들어온다. 눈처럼 흩날리던 꽃잎이 내려앉으면 오십천 맑은 물도 연분홍으로 발그스름하게 물든다. 자연이 요리조리 조화를 이룬 모습만큼 아름다운 것이 또 있을까. 이곳이 바로 무릉도원이지 싶다.

삼화1리 마을에서 내려와 옥계계곡으로 이어지는 69번 지방도로 또한 복사꽃길이 줄줄이 이어진다. 오십천 지류인 대서천을 거슬러 오르다보면 옥계계곡 조금 못 미처 주응리가 나온다. 산자락 밑 알록달록한 함석지붕과 어우러진 복사꽃이 소박하면서도 그림 같다. 이곳엔 복사꽃만 있는 것이 아니다. 분홍빛 사이사이로 살구꽃과 배꽃까지 하얗게 피어 있다. 아담한 마을길을 자박자박 걷다보면 그야말로 어릴적에 부르던 동요 〈고향의 봄〉을 절로 흥얼거리게 된다.

영덕 복사꽃마을 탄생 배경

영덕이 복사꽃마을로 유명해진 이면에는 가슴 아픈 사연이 담겨있다. 1959년, 태풍 사라호가 한반도를 휩쓸고 갈 당시 이곳 오십천변의 논과 밭도 무사하지 못했다. 사토로 뒤덮여 완전히 폐허로 변한 논과 밭, 모든 경작지를 잃게되어 먹고 살 일이 막막해진 마을 주민들은 고심 끝에 복숭아를 떠올렸다. 물이 잘 빠지는 척박한 사토에서 오히려 잘 자라는 복숭아나무는 이곳 사람들의 새로운 희

망이었다. 그렇게 생겨난 복숭아밭이 지품면 일대에 무려 100만 평. 새옹지마라고
나 할까. 수십 년의 세월이 흐른 지금은 이 복숭아나무가 마을 주민들에게 효자 노릇
을 톡톡히 하고 있다. 농민들의 땀과 눈물을 먹고 자란 복숭아나무는 그래서 더욱 아
름답고 사랑스럽게 느껴진다.

영덕 복사꽃 큰잔치

복사꽃이 만개하는 매년 4월 중순, 영덕에서는 복사꽃 큰잔
치가 열린다. 잔치라는 이름 그대로 영덕군의 9개 읍면 군민
들 모두가 참여해 개최되는 축제 기간에는 전야제 행사로 복
사꽃아가씨 선발대회를 비롯해 민속놀이대회, 전통혼례 시
연, 복사꽃 사진전시회 등 다양한 행사가 펼쳐진다.
문의 영덕군청 무화관광과 054-730-6511

| 알고 가면 더 즐겁다 |

찾아가는 길

대중교통 영덕터미널 인근 버스정류장에서 원담(옥계) 또는 봉산행 버스를 타고 삼화1리에서 내린다. **문의** 영덕시외버스터미널 054-732-7673

승용차 중앙고속도로–서안동IC에서 빠져나와 안동 방면 34번 국도 이용–안동–진보–황장재 고개–지품면–용수교를 지나자마자 왼쪽이 삼화1리 마을. 삼화리에서 강구항까지는 약 12km

먹을 곳

강구항에서는 금어기(6월 초~10월 말)를 제외한 나머지 기간 내내 영덕게를 맛볼 수 있지만 그중에서 속살이 꽉꽉 여무는 2~4월의 대게가 가장 맛이 좋다. 게살을 발라 먹은 후 등껍질에 밥을 비벼 먹는 것도 별미다. 강구항 안에 영덕대게 전문집 100여 곳이 늘어서 있다. 어느 집이나 맛과 가격은 비슷하다.

대게궁 054-734-5001 신대게타운 054-734-4437

봉성대게 054-733-7177 해양대게타운 054-733-9988

등대회대게타운 054-733-4346

잠잘 곳

강구항 인근에 펜션이 여러 곳 있다.

솔잎바다펜션 054-733-2749 **소나무펜션** 010-3494-6231

소라펜션 010-5623-7765 **삼사해상테마랜드** 삼사해상공원 안에 위치하며 유럽 스타일의 통나무집으로 꾸며져 있다. **문의** 054-734-3410

| 함께 둘러볼 곳 |

✛ 옥계계곡

주응리를 지나 69번 지방도로를 따라 들어가면 나오는 옥계계곡은 규모는 크지 않지만 모양새가 독특하다. 물줄기 위로 깎아지른 듯한 암벽이 병풍처럼 둘러져 있고 우뚝 솟은 암벽 곳곳에 동굴처럼 둥글게 파인 모습도 이채롭다. 팔각산과 동대산에서 흐르는 두 물줄기가 합쳐져 흐르는 물결 모양도 색다르다. 협곡을 지날 때는 제트(Z) 자 모양으로 정신없이 흐르다 넓게 퍼진 계곡에서는 흐름이 고요하다. 물빛도 맑아 보는 것만으로도 마음까지 절로 맑아지는 느낌이다.

✛ 강구항

영덕대게로 유명한 고장답게 포구로 들어가는 강구대교 위에 달린 큼지막한 대게 모형이 독특하다. 다리를 건너면 초입부터 약 1km에 이르는 부둣가를 따라 영덕대개 전문식당이 늘어서 있다. 1백여 개에 달하는 식당 앞 찜통마다 김이 모락모락 피어오르며 대게 찌는 구수한 냄새가 코를 자극한다. 먹을 게 많은 포구라서 그런지 한가롭게 날아다니는 갈매기가 유난히 많은 강구항은 드라마 〈그대 그리고 나〉의 촬영 현장으로 유명세를 톡톡히 치른 곳이기도 하다. 이른 아침마다 산더미 같은 대게들을 바닥에 늘어놓고 행해지는 경매도 흥미로운 볼거리다.

✛ 해맞이공원

강구항 안쪽에서 축산항으로 이어지는 도로(강축도로)는 우리나라에서 가장 아름다운 해안도로 중 하나로 꼽힌다. 26km에 달하는 전 구간이 바닷가에 바짝 붙어 있어 드라이브코스로 그만이다. 강축도로 중간 지점인 창포리에 자리한 해맞이공원에는 영덕대게의 집게발을 형상화한 창포말 등대가 서 있는 모습이 독특하다. 등대 아래편에는 바닷가를 따라 산책로가 마련되어 있다. 공원 맞은 편 언덕에는 풍력발전단지가 조성되어 있다. 수십 개의 풍력발전기가 휙휙 돌아가는 가운데 색색의 바람개비가 도는 풍경도 이국적이다.

붉은 산과
푸른 바다의 어우러짐

진달래 ●개화 시기 4월 초순~4월 중순 ●특징 진달래과에 속하며 두견화라 불리기도 한다. 먼저 꽃을 피운 후 꽃이 지면서 잎이 나오는 진달래는 바위가 많은 골산보다는 높지 않으면서 양지바른 흙산에서 잘 자란다. 매년 기온에 따라 개화 시기가 일정하지는 않지만 대개 4월 초순에서 중순 무렵 절정을 이룬다. 진달래 꽃잎은 기름을 짜거나 화전을 부치는 등 식용으로도 사용되는데 특히 진달래꽃과 뿌리를 섞어 빚은 두견주는 약주로 취급되어 인기가 높다. ●꽃말 사랑의 기쁨

매년 4월이 되면 벚꽃에 뒤이어 진달래가 곳곳을 붉게 물들이는데 그중 영취산 진달래가 곱기로는 제일로 꼽힌다. 여수시 북동쪽에 자리한 영취산(510m)은 수려한 산세는 아니지만 4월이면 산 중턱에서 정상까지 진달래로 뒤덮여 그야말로 산이 붉게 타오르는 듯한 장관을 이룬다. 영취산 진달래는 고만고만한 진달래 수만 그루가 촘촘하게 무리지어 군락을 이루고 있는 것이 특징이다. 다른 곳에

전남 여수 영취산 진달래

비해 키가 작은 편이지만 그래도 사람 키는 훌쩍 넘는다.

진달래 군락은 정상 북동쪽에 솟은 450봉(해발 450m라 하여 붙은 명칭)과 인근의 작은 암봉, 서래봉 등에 두루 퍼져 있다. 이 중 450봉 일대의 진달래가 가장 풍성해 축제 때 사람들이 많이 몰린다. 진달래 산책 트래킹은 정상을 중심으로 흥국사, 상암동, GS칼텍스 등 여러 곳에서 오를 수 있지만 축제 기간에는 주로 진달래 행사장이 마련된 GS칼텍스에서 시작한다. 행사장에서 450봉을 거쳐 영취산 정상까지는 약 2.5km. 정상에서 봉우재로 내려와 흥국사로 하산하는 코스는 일반적으로 4시간 정도면 충분하다.

행사장을 지나면 계단으로 만들어진 등산로가 300m가량 이어진다. 초입부터 다소 가파른 느낌이지만 파릇한 풀잎들이 돋아나는 산길을 오르는 기분은 경쾌하다. 축제 기간에는 이 길목에 진달래와 관련된 글귀도 군데군데 놓여 있어 읽는 재미도 쏠쏠하다. 가파른 길을 어느 정도 오르다보면 서서히 산 능선이 보이면서 진달래가 모습을 드러낸다. 구불구불한 시멘트 도로를 사이에 두고 발그스름한 카펫을 깔아 놓은 듯 진달래가 곱게 펼쳐져 있다. 분홍빛과 초록빛이 어우러진 산 능선이 겹겹이 펼쳐져 있고 그 사이에 들어선 밭고랑과 요리조리 나 있는 좁은 길의 모습이 한 폭의 그림을 이룬다.

행사장에서 900m 정도 올라가면 갈림길이다. 왼쪽은 마을로 내려가는 길이고 오른쪽이 영취산 정상으로 올라가는 길이다. 정상으로 오르는 길목 능선을 따라 급경사 암벽들이 겹겹이 쌓인 모습은 채석강 같은 느낌을 안겨준다. 그 틈새를 비집고 진달래가 여기저기 피어난 모습도 독특하다. 정상에 오르면 붉게 물든 산 밑으로 탁 트

봄바람이 살랑거리는 날, 가벼운 옷차림으로
등산로를 걷다보면 곳곳에서 진달래를 마주한다.

인 바다를 끼고 여천공단과 광양제철소가 한눈에 들어온다.

그리 높은 산은 아니지만 다소 가파른 철계단도 오르고 잔돌로 인해 군데군데 길도 미끄러워 가급적 등산화를 신는 것이 좋다. 정상에서 한 구비 내려오는 길목은 침목을 가지런히 놓아 만든 계단길이다. 계단을 내려오면 봉우리들 사이에 제법 넓은 공터가 나오는데 이곳이 봉우재다. 봉우재 앞으로 봉긋하게 솟아난 또 하나의 봉우리, 마을 주민들이 서래봉이라 일컫는 이곳에도 진달래가 가득 피어 있다. 봉우재에서 바라보는 모습만으로도 족하지만 150m가량 올라 서래봉에 오르면 지금껏 지나온 여정을 아우르는 진달래 풍광을 엿볼 수 있어 내친 김에 올라보는 것도 좋다.

서래봉에서 다시 내려와 왼쪽 길로 접어들면 흥국사로 내려가는 길이다. 봉우재에서 흥국사까지는 1.8km 정도다. 초입 길은 다소 가파르지만 점차 완만해지는 산길을 따라 내려오면 맑은 물이 흐르는 원동천계곡이 이어져 물소리만 들어도 가슴이 시원해진다. 흥국사에 들어서면 용왕전이 있는데 동굴처럼 둥그렇게 만든 공간 안에 약수가 있다. 3단계로 이어진 연꽃 모양의 돌샘을 거쳐 내려오는 약수를 시원하게 한 바가지 들이킨 후 천천히 사찰을 돌아보면 금상첨화다. 흥국사 앞에는 식당도 여러 곳 있고 축제 기간에는 먹을거리 장터도 열린다.

영취산 진달래축제

매년 4월 초순경, 주행사장인 GS칼텍스 인근 공터를 중심으로 진달래축제가 열린다. 축제 기간에는 산신제를 비롯해 등반대회, 진달래아가씨 선발대회, 사진촬영대회 등의 행사와 풍물굿과 남도민요, 창극 등 다채로운 공연도 펼쳐진다. 축제장 옆에 향토 먹을거리 장터도 열린다.

문의 영취산 진달래축제추진위원회 061-691-3104

| 알고 가면 더 즐겁다 |

찾아가는 길

대중교통 여수시외버스터미널 앞에서 76번 버스를 타고 묘도선착장 앞에서 내리면 진달래축제장까지 도보로 약 15분 거리다.

승용차 남해고속도로–순천IC–여수 방면 17번 국도–주삼동 사거리에서 여천산업단지 방향 좌회전–여천산업단지–흥국사–진달래 행사장(GS칼텍스 앞)

먹을 곳

동백회관 오동도 앞에 한정식으로 유명한 곳으로 특정식을 시키면 수십 가지 음식이 먹음직스럽고 푸짐하게 나온다. 문의 061–664–1487

대교식당 여수 동산대교 인근에 있는 식당으로 감칠맛 나는 갈치조림이나 게장에 다양한 밑반찬이 푸짐하게 곁들여 나오는 유명 맛집이다. 문의 061–642–4555

유명횟집 돌산공원 인근에 있는 식당으로 다양한 음식이 곁들여 나오는 싱싱한 회를 맛볼 수 있다. 문의 061–644–8040

잠잘 곳

오동재 한옥호텔 여수엑스포공원에서 2km 거리에 위치한 한옥호텔이다. 여수 시내의 야경과 일출을 감상할 수 있도록 전 객실이 바다를 향해 배치되어 있다.

오동도 인근 이코노미호텔 061–661–0331 HS관광호텔 061–662–9996

여수시청 인근 나르샤관광호텔 061–686–2000 베키니아호텔 061–662–0001

| 함께 둘러볼 곳 |

➕ 흥국사

고려시대 명종 25년(1195)에 보조국사 지눌이 창건한 사찰로 '이 절이 흥하면 나라가 흥하고, 이 절이 망하면 나라가 망한다'라는 염원을 담아 지었다고 전해진다. 10여 동의 목조 건물이 오밀조밀 들어선 경내에는 목조 건물로는 국내에서 예술적 가치가 제일이라 알려진 대웅전(보물 제396호)을 비롯해 색채가 선명하고 아름다운 장식성이 돋보이는 대웅전후불탱화(보물 제578호), 노사나불괘불탱(보물 제1331호) 등 귀중한 문화재가 많아 볼거리도 쏠쏠하다.

흥국사는 임진왜란 때 승병 수군 300여 명이 훈련을 했던 곳으로도 유명해 당시 승려들의 훈련 모습을 대웅전 앞에 미니어처로 만들어 놓은 모습도 독특하다. 따로 마련된 전시관에도 승병의 창설 과정과 훈련 내용, 관련 유물들이 전시되어 있다.

아울러 흥국사 입구에는 보물 제563호로 지정된 홍교가 자리하고 있다. 조선 인조 17년(1639)에 세워진 흥국사 홍교는 지금까지 알려진 무지개형 돌다리로는 가장 높고 길며 주변 경치와도 잘 어우러진 아름다운 다리라는 평을 받고 있다.

 봄, 기나긴 기다림이 꽃을 피우다

연분홍 꽃길에 남은
봄의 추억

인천광역시 강화읍과 내가면, 하점면, 송해면 등에 걸쳐 있는 고려산(436m) 또한 4월 중순이면 한창 물이 오른 진달래가 흐드러지게 피어나 산허리를 감싼다. 진달래가 가장 많이 피어나는 곳은 정상 능선 북사면을 따라 355봉까지 약 1km 구간. 이곳만큼 넓은 면적에 잡목 하나 없이 진달래만으로 화원을 이룬 곳도 드물다. 간간히 바람이 산자락을 훑고 지나갈 때마다 요동치는 분홍빛 꽃물결은 상춘객들의 가슴에 불을 지르기에 충분하다.

고구려의 연개소문이 태어났다고 전해지는 고려산의 옛 명칭은 오련산(伍蓮山). 고구려 장수왕 4년(416년), 천축조사가 이 산에 올라 오색 연꽃이 피어 있는 오련지를 발견한 후 오색 연꽃을 공중에 날려 떨어진 곳에 각각 적련사(적석사)와 백련사, 청련사, 황련사, 흑련사를 세웠다는 전설이 깃들어 있다. 지금은 적석사, 백련사, 청련사만 남아 있는데 진달래 산행은 대개 이 세 절에서부터 시작된다.

그중에서도 진달래 군락지와 가장 가까운 곳은 오색연꽃 중 백련이 내려앉았다 하여 이름 붙은 백련사다. 이곳에서 진달래 군락지까지는 도보로 30분 정도면 충분하다. 하지만 축제 기간에는 백련사로 오르는 차량통행을 금지해 고인돌공원 주차장에 차를 세워두고 걸어 올라가야 한다. 축제 기간이라도 오후 4시가 넘으면 백련사까지 차로 오를 수 있지만 천천히 걸어 올라가는 것도 좋다. 고인돌공원 주차장에서 백련사까지는 약 2.5km로 아스팔트 포장길이 말끔하게 다져진 데다 죽죽 뻗은 전나무가 양옆으로 줄지어 있어 걷기에 알맞다. 오르는 도중 만나게 되는 호담 갤러리에서 조각품을 구경할 수도 있고 먹을거리 장터에서 잠시 쉬어가는 것도 걷는 재미의 일부분이다.

그렇게 쉬엄쉬엄 걷다 닿게 되는 백련사는 여느 절과 달리 살림집 같은 모습을 갖추고 있다. 백련사를 지나면서부터는 다소 가파른 산길을 올라야 한다. 700m가량 이어지는 산길을 오르면 시멘트 포장길을 마주하게 된다. 바로 그 순간, 코앞에 드러난 산자락에 진달래가 가득 피어 있는 모습이 펼쳐진다.

고려산 진달래의 멋이 살짝 드러나는 그 지점에서 완만한 시멘트 도로를 따라 600m 정도 더 오르면 진달래밭 능선에 이어 나무데크길이 가지런하게 놓여 있다.

고려산 전망대에 서면 산자락을 가득 덮은
진달래 풍경이 한눈에 들어온다.

산자락을 붉게 물들이며 흐드러지게 피어난 진달래 능선 길목마다 꽃향기에 취한 사람들의 느릿느릿한 발걸음이 이어진다. 그 연분홍빛 꽃길에서 부지런히 봄의 추억을 담아내는 사람들의 모습이 마냥 행복해 보인다. 나무 데크 끝에 놓인 전망대에 서면 산자락을 가득 덮은 진달래와 함께 발밑으로 강화도와 한강, 임진강까지 아우르는 풍경이 시원스레 펼쳐진다.

꽃구경을 마치면 백련사로 다시 내려와도 되지만 시간적 여유가 있다면 4km가량 이어지는 완만한 능선길을 따라 낙조봉을 거쳐 적석사로 내려가는 것도 좋다. 가을이면 주변 능선을 따라 넓게 펼쳐진 억새 풍경이 일품인 낙조봉에서 바라보는 서해 일몰은 강화 8경 중 하나로 꼽혀 진달래가 아니더라도 사시사철 찾는 사람들이 많은 곳이다.

고려산 진달래 예술제

매년 4월 중순, 고려산 정상 군락지와 백련사 등산로, 고인돌 공원 등지에서 열린다. 축제 기간에는 강화도 전통 풍물놀이를 시작으로 연개소문 가장 행렬, 각종 전시회와 화전 만들기 경연대회, 진달래 노래자랑 등 다양한 행사와 공연이 펼쳐진다. **문의** 강화군청문화관광과 032-930-3622

| 알고 가면 더 즐겁다 |

 **찾아가는 길**

대중교통 서울의 경우 신촌 인근 동교동 삼거리에서 3000번 버스를 타고 강화버스터미널에서 내린다. 강화터미널 인근 버스정류장에서 1, 21, 22, 25, 28, 30번 버스 등을 타고 고인돌체육관 앞 정류장에서 내려 걸어 올라간다.

승용차 행주대교 남단에서 김포 방면 48번 국도-강화대교 건너 3km 정도 가면 강화버스터미널-터미널을 지나 48번 국도를 타고 계속 직진-강화군청 앞을 지나 48번 국도를 따라 하점면 방면으로 6km 정도 가면 고인돌공원. 축제 기간에는 고인돌공원에서 운행하는 셔틀버스를 타거나 걸어가야 한다.

 **먹을 곳**

순무김치로 이름난 강화의 별미 중 또 하나는 바로 장어구이다. 매콤달콤한 양념을 발라 숯불에 구워먹는 맛이 일품이다. 강화대교 인근의 더리미장어마을과 초지대교 인근의 장어구이집이 아주 많다.

더리미집 032-932-0787 **강나루숯불장어** 032-937-5522 **강화장어촌** 032-937-9140 **별미정숯불장어** 032-932-1371 **버들숯불장어구이** 032-937-0005 **선창집장어구이** 032-932-7628 **풍천민물장어구이** 032-932-9233

 **잠잘 곳**

담담각 고려산과 가까운 하점면 고려산로 285번길에 위치한 한옥펜션이다. 5,000여 평의 너른 공간에 들어선 전통 한옥의 단아한 멋 속에서 편안히 쉴 수 있다. **문의** 032-933-8437

강화도 한울다솜펜션 하점면 창후리 포구 인근에 위치하며, 군불을 지피는 황토독채펜션과 목조펜션으로 구성되어 있다. **문의** 032-932-2979

+ 고인돌공원

하점면 부근리에 위치하며 청동기시대의 대표적인 묘지인 고인돌을 볼 수 있다. 축제 기간에는 주차장으로 활용된다. 곳곳에 고인돌이 있으며 이중 남한에서 가장 큰 고인돌(길이 6.4m, 넓이 5.2m, 높이 5.45m)인 강화지석묘는 탁자식(북방식 지석묘)으로 분류되는 우리나라 대표 고인돌로 2000년 유네스코 세계문화유산으로 등록된 소중한 돌무덤이다. 이외에도 세계적인 거석문화의 표본인 영국식 고인돌, 스톤헨지도 볼 수 있다.

+ 광성보

한강과 임진강이 바다를 향하는 자리인 강화해협(염하강)은 강화도와 김포를 가르는 좁은 물길로 거대한 바윗덩이마저 쓸려다닐 만큼 물살이 드세고 빠르다. 이러한 지형적 특성을 이용해 조선 말기 통상개방을 빌미로 침입한 프랑스, 미국, 일본 함대와 치열한 전투를 벌였다. 돈대와 성벽 포탄자국 등 곳곳에서 가슴 아린 흔적을 엿볼 수 있다.

이중 광성보는 강화해협을 지키던 요새 중 규모가 가장 크다. 1871년 통상을 빌미로 침공한 미군과 치열한 전투(신미양요)를 벌였던 곳으로 지금은 바다와 어우러진 공원으로 거듭났다. 정문인 안해루 오른쪽의 소나무 길을 오르면 신미양요 당시 화력의 열세에도 불구하고 굴하지 않고 싸우다 순국한 어재연 장군을 기리는 쌍충비와 무명용사들의 합장무덤인 신미순의총이 있다. 입장시간 오전 9시~오후 6시(11~2월 오후 5시), 연중무휴 입장료 어른 1천1백 원, 청소년 · 어린이 7백 원 문의 032-930-7070

+ 초지진

강화역사관에서 해안도로를 따라오다 보면 초지대교 옆에 초지진이 자리하고 있다. 바다로 침입하는 외적을 막기 위해 조선 효종 7년(1656)에 구축한 요새로 고종 3년(1866)에 천주교 탄압을 구실로 침입한 프랑스 함대, 고종 8년(1871)에 통상을 강요하며 침입한 미국 함대, 고종 12년(1875)에 침공한 일본군함 운양호와 격전을 벌인 곳이다. 성벽과 홀로 남은 노송에는 당시 치열했던 상황을 보여주는 포탄 자국이 남아 있다. 마당 한복판엔 당시 사용했던 대포도 전시되어 있다. 이 대포는 일제강점기에 한 일본 고관이 뜯어다 자기 별장의 기둥 밑받침으로 쓴 것을 해방 직후 고 장택상 씨가 현관 기둥으로 보관하다가 초지진 복원소식을 듣고 그의 아들이 기증해 오늘까지 남게 되었다. 입창료 성인 7백 원, 어린이 5백 원 문의 032-930-7072

산자락을 노랗게
감싸 안은 유채밭

유채꽃 ●개화 시기 4월 중순~5월 초순 ●특징 양귀비목 겨자과에 속하는 두해살이풀로 보통 80~130cm 정도까지 자란다. 유채 열매의 종자에는 38~45%의 기름이 들어 있어 콩기름에 이어 식용유로 많이 사용되어 기름을 짜고 난 깻묵은 사료나 비료로 쓰인다. ●꽃말 명랑, 쾌활

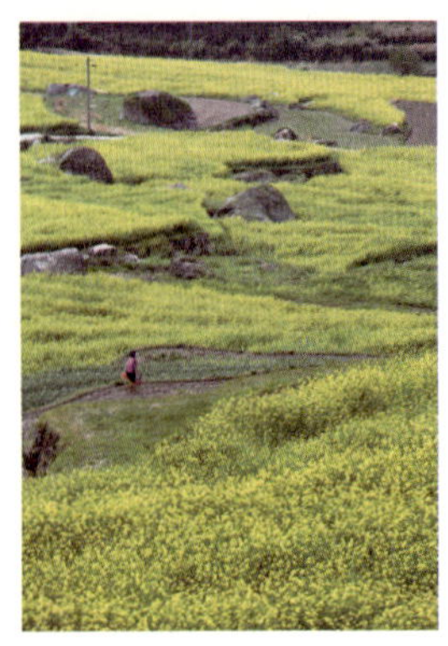

유채꽃 하면 흔히 제주를 떠올리기 쉽다. 하지만 너무 유명해진 제주도 유채가 다소 식상한 느낌이라면 남해로 떠나보는 것도 좋다. 4월 중순이 되면 남해 곳곳에도 유채꽃이 만발한다. 바다에 동동 떠 있는 섬 해안을 둘러싸고 군데군데 유채꽃 물결을 이루는 남해. 그중에서도 상주면 양아리에 자리한 두모마을은 남해의 유채 풍경 중 백미로 꼽히는 곳이다. 넓은 들판에 평면적으로 피어나는 다른 지역의 유채와 달리 이곳은 바다로 내리지르는 산비탈을 깎아 만든 계단식 논(다랭이 논)에 층층이 피어난 모습이 이색적이다.

남해군 이동면에서 상주해수욕장으로 이어지는 도로를 따라 금산 주차장 입구와 벽련마을을 지나면 두모마을 입구다. 도로에서는 유채꽃이 제대로 보이지 않지만 도로 아래편으로 몇 걸음만 옮기면 오목한 산비탈을 따라 노란 유채꽃이 한가득 피어 있는 모습을 볼 수 있다. 그야말로 흐드러지게 핀 유채 모습에 보는 이의 마음까지 노랗게 물드는 느낌이다. 특히 보리암을 품고 있는 금산자락 끄트머리 산비탈에 올망졸망 피어난 노란 꽃물결이 푸른 바다와 어우러진 모습은 여느 곳에서도 쉽게 볼 수 없는 풍경이다. 대개 도로 바로 아래편에서 펼쳐지는 유채밭 전경을 카메라에 담고 훌쩍 떠나는 경우가 많지만 마을 안쪽까지 걸어 내려오면 아늑한 해안의 멋까지 덤으로 가질 수 있다. 두모마을의 원래 이름은 '드므개'인데, 마을의 모습이 궁궐 처마 밑에 두었던 항아리인 '드므'를 닮았다고 해서 붙여진 이름이다. 마을 아래쪽 바닷가로 내려와 소랑마을로 넘어가는 언덕에서 두모마을을 내려다보면 왜 이러한 이름이 붙었는지 알 수 있다. 마을을 감싸고 있는 해안이 꼭 항아리처럼 생겼다.

도로에서 두모마을을 거쳐 소랑마을까지는 약 2km다. 유채밭 사이로 난 좁은 길을 따라 호젓하게 거니는 맛도, 간간히 좁은 논두렁길로 들어서는 맛도 남다르다. 비탈길을 따라 한 걸음 한 걸음 내려가다 보면 층층이 펼쳐진 다랭이논의 유채가 어느새 머리 위에 올라앉는다. 병풍처럼 둘러진 산자락을 노랗게 감싸고 있는 아늑한 유채만의 공간에서는 포근함이 묻어난다. 유채꽃이 지고 9월이 되면 이 계단식 논자락에 하얀 메밀꽃이 흐드러지게 피어나 또 다른 장관을 이룬다.

유채꽃 개매기축제

유채꽃이 만발하는 4월 중순, 두모마을에서는 한바탕 축제가 벌이진다. 논두렁길을 걸으며 유채꽃을 감상하는 것은 물론 항아리처럼 둥근 동네 앞바다에서는 조류를 따라 그물 안으로 들어온 물고기를 가둬두고 맨손으로 잡는 전통어법인 '개매기' 체험을 할 수 있다. **문의** 010-8500-5863

| 알고 가면 더 즐겁다 |

찾아가는 길

대중교통 남해공용버스터미널에서 미조, 상주행 버스를 타고 두모마을 입구에서 내린다.

승용차 대전~통영 고속도로–진주분기점에서 순천 방면 남해고속도로–사천IC에서 빠져나와 삼천포 방면 3번 국도–삼천포대교–창선대교–1024번 지방도로 타고 오다 이동면삼거리에서 상주 방면 19번 국도로 좌회전–원천마을–벽련마을을 지나 1km가량 가면 두모마을 입구

먹을 곳

여원 독일마을에서 가까운 삼동면 지족리는 죽방렴 멸치의 고장이다. 지족 삼거리 인근에 있는 여원은 남해의 별미인 멸치쌈밥 전문점이다. 국물이 자작자작할 정도로 매콤하게 끓여낸 멸치는 비린 맛은 전혀 없고 멸치의 구수함만 살아있다. 워낙 부드러워 뼈째 먹어도 입에서 살살 녹는 멸치를 따끈한 밥에 얹어 상추와 깻잎에 싸먹는 맛이 일품이다. 문의 055–867–4118

기타 창선교를 지나 단항교 밑에 있는 남해군 수협위판장 회센터와 미조항에서는 싱싱한 회를 맛볼 수 있다.

잠잘 곳

독일마을 남해군 삼동면 물건리에 자리한 독일마을은 60년대 후반 독일로 갔던 한인 간호사와 광부들이 현지에서 독일인과 결혼해 살다 황혼기에 가족과 함께 귀국해 만든 곳으로 숙박도 가능하다. 바다가 보이는 야트막한 산자락 안에 독일풍의 예쁜 집들이 모여 있어 마치 독일의 조용한 마을에 들어선 것 같은 느낌을 준다. 문의 055–867–1337, 016–343–4537, www.germanvillage.co.kr(사전 예약 필수)

아름다운날들펜션 독일마을 인근에 있으며 물건방조어부림이 내려다보이는 전망 좋은 곳이다.

두모마을 민박 010–8500–5863, www.bdays.co.kr

| 함께 둘러볼 곳 |

원예예술촌 입장 시간 오전 9시~오후 5시 30분, 월요일 휴무 **입장료** 어른 5천 원, 경로우대 4천 원 **문의** 055-867-4702

+ 가천 다랭이마을

바다로 내지르는 가파른 경사의 산비탈에 석축을 쌓아 108층이 넘는 계단식 논을 일궈낸, 남해의 명소 중 하나다. 옛날에 한 농부가 일을 하다가 논을 세어보니 한 배미(이곳에서 논을 세는 단위)가 모자라 아무리 찾아도 없기에 포기하고 집에 가려고 삿갓을 들었더니 그 밑에 논 한 배미가 있었다는 얘기가 있을 정도로 논의 크기가 작다. 마을 끝으로 내려오면 암수바위도 있다. 하나는 남근, 다른 하나는 만삭의 여인이 비스듬히 누워 있는 형상이다. 이곳 사람들은 이를 미륵불이라 부른다. 마을 뒷산인 설흘산에 오르면 김만중의 유배지였다는 노도를 비롯해 깊숙하게 들어앉아 아기자기한 풍광의 앵강만이 한눈에 들어온다.

+ 독일마을

영화 〈국제시장〉의 인기를 타고 각광받는 곳이다. 바다가 보이는 야트막한 산자락에 들어선 집들은 하나같이 뾰족지붕을 얹은 독일풍의 예쁜 집들로 마치 독일의 조용한 마을에 들어선 것 같은 느낌을 안겨준다. 마을언덕 위엔 각 나라의 특색 있는 건축물과 어우러진 전통정원을 엿볼 수 있는 원예예술촌이 있어 더불어 둘러보기에 좋다.

+ 금산 보리암

금산의 기이한 암석과 풍광 좋은 남해의 경치를 한눈에 볼 수 있다. 683년 원효대사가 이곳에서 초당을 짓고 수도할 당시 산의 이름은 보광산이었다. 그러나 훗날 태조 이성계가 이곳에서 백일기도를 하고 조선 왕조를 세우게 되자 산을 비단으로 두르려고 했지만 산 전체를 비단으로 두른다는 것이 불가능해 산 이름에 비단 금(錦) 자를 넣어 금산으로 바꿨다는 이야기가 전해온다. 보리암에 오르기 직전에 있으며 쌍홍문으로 불리는 바위굴은 금산 38경 중 으뜸으로 알려져 있다. 보리암에 오르면 원효대사가 좌선했다는 좌선대 바위와 신라시대의 석탑과 비슷하나 고려 초기의 작품으로 추정되는 보리암전 삼층석탑도 보인다.

모래섬을 수놓은
오색찬란한 꽃

튤립 ●**개화 시기** 4월 중순~4월 하순 ●**특징** 나리꽃 등과 더불어 알뿌리로 번식하는 식물 중 하나며 백합과의 여러해살이풀로 원산지는 터키로 알려져 있다. 터키인이 머리에 두르는 튤리판(Tulipan)과 비슷하다 하여 비롯된 이름이다. 튤리판은 두건(Turban)을 뜻하는 페르시아어다.
●**꽃말** 주로 사랑에 연관된 것이 많은데 색깔마다 꽃말이 각각 다르다. 빨간색은 '사랑의 고백', 노란색은 '헛된 사랑', 보라색은 '영원한 사랑', 하얀색은 '실연'을 의미한다. ●**튤립에 얽힌 이야기** 아름다운 소녀가 살고 있는 한 작은 마을에 어느 날, 세 명의 청년이 찾아와 소녀에게 청혼을 했다. 세 명의 청년은 다름 아닌 그 나라의 왕자, 용감한 기사, 돈 많은 상인의 아들이었다. 청년들은 청혼을 하면서 한 가지씩 약속을 했다. 자신과 결혼해준다면 왕자는 자신의 왕관을, 기사는 집안 대대로 내려오는 칼을, 부자 아들은 자신의 금고 속에 가득 찬 황금을 모두 주겠다는 것이다. 하지만 소녀는 어느 것도 원하지 않는다며 세 사람의 청혼을 단호하게 거절했다. 그러자 청년들 모두 소녀에게 평생 결혼도 못할 거라며 저주 섞인 욕을 퍼붓고 가버렸다. 그들의 언행에 너무나 기가 막혔던 소녀는 병이 들어 시름시름 앓다 결국 죽고 말았다. 그 사실을 알게 된 꽃의 여신은 죽은 소녀를 위해 생명력이 강한 튤립으로 태어나게 했다. 그로 인해 튤립의 꽃모양은 왕관을 닮았고 잎은 칼처럼 뾰족하며 색깔은 황금처럼 노랗게 되었다는 전설이 전해져온다.

섬 전체가 모래로 이루어진 임자도. 그래서 사람들은 우리나라에도 사막이 있다고들 한다. 중동에서나 볼 수 있는 사막의 지형을 고스란히 갖춘데다 국

내에서 가장 긴 백사장으로 유명한 대광해수욕장을 품고 있는 임자도에 새로운 명물이 등장했다. 해수욕장 인근에 조성된 튤립공원이 바로 그곳이다. 3만5천 평 규모에 색깔과 모양이 다른 튤립이 무려 500만 송이나 되어 국내 최대 규모를 자랑한다.

이처럼 모래섬이 꽃섬으로 변신한 임자도 또한 봄꽃 여행 중 놓치면 아쉬운 곳이다. 임자도에 튤립이 많은 이유는 배수가 잘 되는 모래흙과 풍부한 일조량, 해풍이 튤립의 바이러스 감염을 막아주는 최적지이기 때문이다. 국내 최대 규모라는 말이 무색하지 않게 튤립의 끝은 아득하기만 하다. 형형색색의 튤립들이 저마다 화려한 자태를 뽐내는 모습이 이국적이다.

축제를 위해 만들어 놓은 볼거리도 쏠쏠하다. 다양한 꽃향기가 폴폴 나는 향기터널을 지나면 임자도의 특징인 모래로 꾸며놓은 모래조각품들이 관람객의 눈을 즐겁게 한다. 이어서 나타나는 거대한 튤립단지는 그야말로 광활한 꽃 벌판. 그 풍경에 들어서는 사람마다 무심결에 "와~ 꽃도 많다"라는 말을 내뱉는다.

"오메, 사진기가 없으니 좀 그라네."

"그냥 마음에 담아가면 되제."

무뚝뚝해 보이는 아저씨들마저 이런 대화를 나누며 꽃에 대한 감탄사를 연발한다. 노랑, 빨강, 보라, 파랑, 흰색 등 수십 종에 이르는 원색의 튤립을 색깔별로 나눈 꽃 단지 사이로 난 길을 따라 타박타박 걷는 맛도 독특하다. 걷다보면 우리가 흔히 보아왔던 튤립과는 아주 다른 것들도 부지기수다. 뾰족한 왕관 같기도 하고 타오르는 불꽃 같기도 한 모양새가 오묘한 알라딘, 튤립이라기보다는 차라리 장미꽃 같은 억스타, 한 꽃이면서도 반은 빨강, 반은 노랑으로 물든 아수라백작 같은 튤립도 있

봄의 임자도에는 화려한 색의 옷을 입은 튤립이
끝도 없이 펼쳐져 있다.

바닷가에서 창고, 길가에 이르기까지
섬 전체가 튤립으로 화사하게 치장된다.

다. 꽃마다 이름표가 붙어 있어 하나하나 비교하며 보는 재미도 쏠쏠하다.

그 꽃길 끝에 놓인 이국적인 풍차는 기념사진 촬영장으로 단연 인기다. 저마다 추억을 담기 위해 연신 셔터를 누르느라 여념이 없다. 온통 무릎높이의 꽃들로 가득 찬 튤립공원은 군데군데 파라솔이 놓인 쉼터가 있긴 하지만 이렇다 할 그늘막이 없어 모자나 양산을 꼭 챙겨가야 한다. 꽃향기를 맡으며 단지를 돌아보는 데 걸리는 시간은 1시간 남짓. 나올 때 입장권 구입 시 나눠준 튤립 화분 교환권을 내면 튤립 화분을 선물로 준다.

꽃구경을 하고 돌아올 때는 선착장까지 걸어 나오는 것도 좋다. 축제장에서 선착장까지는 6km 정도다. 조금 긴 듯하지만 고요하고 평탄한 섬마을 길은 호젓하게 걷기에 아주 좋다. 한적한 길을 따라 천천히 걷다보면 튤립 벽화로 치장된 농업창고와 임자도 천연염을 토해내는 장포염전도 볼 수 있다. 바다에서 장포염전까지 이어지는 물길을 따라 선착장까지 연결된 길목에도 줄줄이 꽃들이 심어져 있어 색다른 꽃길을 걷는 셈이 된다.

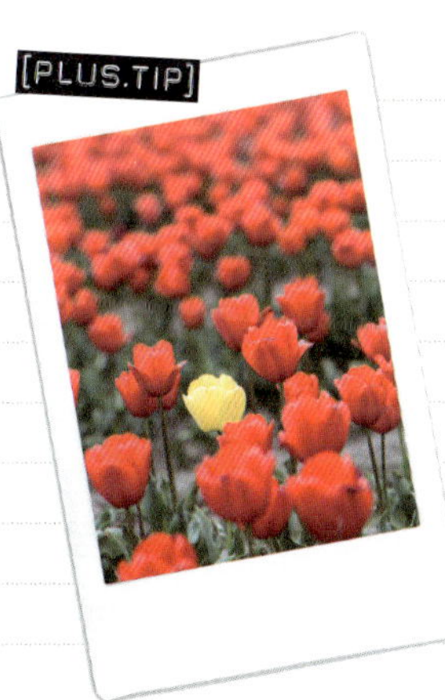

신안 튤립축제

매년 4월 중순부터 하순까지 신안 임자도에서 열린다. 여객선을 타고 이동함에도 불구하고 2008년 처음으로 개최된 1회 축제 때부터 이국적인 풍경을 보기 위해 수만 명이 찾아왔다. 축제 기간에는 튤립 따기 체험과 함께 모래 해변 마라톤, 야외 음악회 등 다양한 행사가 열린다. 말을 타고 튤립 꽃밭을 돌아볼 수 있는 승마 체험과 시골 정취를 만끽할 수 있는 우마차 투어도 마련되어 있다. 자전거를 무료로 대여해서 섬 구석구석을 돌아볼 수 있다. 축제 기간에는 선착장과 축제장을 잇는 무료 셔틀버스가 운영된다. **입장료** 성인 5천 원, 청소년 4천 원, 어린이 3천 원 **문의** 061-240-4041

| 알고 가면 더 즐겁다 |

찾아가는 길

대중교통 시외버스를 이용하여 무안군에 도착하면 무안터미널에서 지도, 점암행 버스를 이용한다. 버스 시간을 맞추는 게 여의치 않다면 우선 광주로 가서 점암행 버스를 갈아타도 된다. 운행 시간 오전 6시 40분~ 오후 8시, 약 1시간 간격 문의 무안터미널 061-453-2518

승용차 서해안고속도로-무안IC-무안군 해제읍-신안군 지도읍 점암선착장-임자면 진리선착장

먹을 곳

임자도 안에 식당이 여러 곳 있다.

털보네식당 061-262-0010 편안한식당 061-275-2828

해비치식당 061-275-5678 달비치식당 061-275-7667

편안한 횟집 061-262-0300 유랜드횟집 061-261-5454

신안가든 061-279-7711

잠잘 곳

임자도 안에 임자펜션(061-262-3388)을 비롯해 모텔과 민박집이 많다.

동백민박 061-275-8711 썬비치모텔 061-275-8484

유랜드모텔 061-261-5454 털보네모텔 061-262-0010

편안한모텔 061-262-0300 해송모텔 061-262-0100

풍차하우스 061-262-3114 광주민박 061-262-6493

그린민박 061-262-9955 대광민박 061-262-6510

대한민박 061-262-8527 보라민박 061-262-0566

이용 안내

점암선착장에서 임자도는 배로 20분 소요된다.

운행 시간 평일 오전 7시~오후 10시, 1시간 간격, 축제 기간에는 20분 간격 왕복 운항 요금 성인 3천2백 원, 어린이 2천6백 원, 승용차 경차 1만6천 원, 일반 2만 원 문의 061-275-7303

| 함께 둘러볼 곳 |

✛ 대광해수욕장

튤립 축제장 인근에 자리한 대광해수욕장은 우리나라에서 모래사장이 가장 긴 해변으로 유명한 곳이다. 대기리와 광산리 앞바다에 걸쳐 이어진 해수욕장의 길이는 12km. 세계에서 길기로 소문난 필리핀 보라카이 해변(7km)에 비해 두 배 가까이 길다. 그야말로 가도 가도 끝없는 모래해변으로, 해수욕장 한쪽 끝에서 다른 쪽 끝까지 걷는 데 무려 3시간이나 걸린다. 피서철 하루 평균 이곳을 찾는 이가 1만 명이 넘지만 백사장이 워낙 넓어 티도 안 날 정도다. 해수욕장 자체도 독특하다. 이곳은 모래밭 한가운데 개펄지대가 따로 있다. 썰물 때는 모래밭과 함께 개펄이 모습을 드러내는데 이때는 어른 아이 할 것 없이 개펄 밭으로 들어가 진흙을 온몸에 바르고 뒹굴다 이내 바닷물에 첨벙 뛰어드는 재미가 그만이다. 또한 넓은 백사장 너머로 보이는 긴 수평선 또한 가슴을 탁 트이게 해준다.

수줍은 듯
은은한 매력이 가득한
들꽃길

금낭화 ●**개화 시기** 4월 하순~6월 ●**특징** 양귀비과의 여러해살이풀로 오래전 여인들이 치마 속에 매달고 다니던 주머니와 닮았다 하여 '며느리주머니'라고도 불린다. ●**꽃말** 당신을 따르겠습니다

통도사는 신라 선덕여왕 15년(646년), 자장율사에 의해 창건된 절이다. 우리나라 삼보사찰 중 하나로 꼽히는 통도사는 거찰답게 19개의 암자를 품고 있다. 그중 사람들의 발길이 가장 많은 곳은 자장암이다. 사시사철

암자 주위를 떠나지 않는 금개구리를 위해 자장율사가 절 뒤 암벽에 구멍을 뚫고 개구리를 넣어준 이후 지금까지 그 후손들이 절 주변을 떠나지 않고 있다는 '금와보살' 설화로 유명하다.

하지만 따사로운 봄날에는 서운암만큼 눈길을 끄는 암자도 없지 싶다. 통도사 뒤편 영축산 자락에 폭 파묻힌 이 작은 암자는 봄이 되면 온통 꽃으로 덮여 일명 '꽃암자'가 된다. 암자를 둘러싼 20만여 평의 산자락에 피어나는 야생화는 무려 100여 종에 이른다. 암자 앞 넓은 마당에 옹기종기 들어찬 수천 개의 항아리들이 꽃과 어우러져 그 자체로 한 폭의 그림을 만든다.

평퍼짐한 모양새가 푸근함을 안겨주는 항아리 안에는 저마다 구수한 된장이 가득하다. 생약재를 첨가해 담근 서운암의 재래식 된장은 양산시의 특산품으로 지정, '된장암자'로 불리기도 한다. 들꽃과 함께 서운암의 명물로 꼽는 항아리들은 서운암 성파스님이 10년 가까이 정성들여 모은 소중한 수집품이다. '신분제가 있었던 시절에도 왕족이나 양반, 상놈 할 것 없이 똑같이 사용했던 게 장독이니 우리에게 이만큼 소중한 문화유산이 어디 있겠느냐'라는 것이 성파스님의 항아리 수집에 대한 마음이다.

100여 종의 야생화가 봄부터 가을까지 피고지고를 거듭하지만 서운암의 들꽃 중 가장 주목을 받는 것은 금낭화다. 금낭화는 서운암에서 가장 많이 피는 꽃으로 서운암에서는 금낭화가 피기 시작하는 4월 말경 들꽃축제를 연다. 축제가 시작될 즈음, 서운암 주변은 그야말로 금낭화 천지다.

꽃구경을 위해 찾아드는 첫 길목에도 그윽한 아름다움이 스며 있다. 서운암에 가려면 통도사를 거쳐야 하는데 통도사 입구에서 사찰 안까지 이어지는 1km가량의

금낭화를 비롯한 소박한 들꽃에 파묻힌 서운암은
언제 보아도 정겹다.

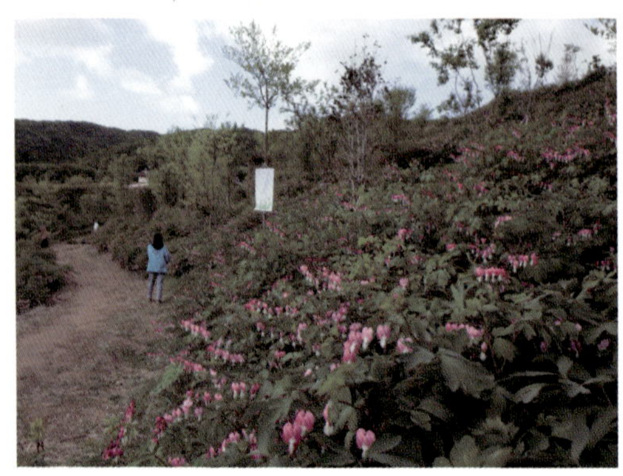

소나무 숲길은 절로 걷고 싶어지게 만든다. 계곡을 따라 평탄하게 조성된 흙길을 걷다보면 줄줄이 이어진 소나무에서 배어나오는 향긋한 솔향과 구수한 흙냄새가 어우러져 코까지 호사를 누린다. 그렇게 기분 좋게 걷다보면 어느새 통도사다. 통도사 옆으로 난 개울 길을 따라 1km 남짓 더 올라가면 서운암이다.

서운암에 들어서면 작은 연못 안에서 퐁퐁 솟아나는 물줄기가 어서 오라며 환영하는 듯하다. 그곳에서 몇 걸음 더 가면 정면으로 항아리가 그득한 마당이 보이고 마당 오른편으로 들어서면 아담한 잔디마당에 작은 절집이 들어서 있다. 들꽃과 담쟁이덩굴로 휩싸인 풍경이 정겹고 포근해보이는 곳이다.

서운암의 꽃길은 항아리단지 오른편으로 난 오솔길에서 시작된다. 항아리단지 위 산 자락을 따라 원형으로 한 바퀴 돌 수도 있고 중간 중간 조성된 사잇길로 접어들어 걷는 것도 좋다. 두 사람 정도 나란히 걸을 수 있는 오솔길을 따라 한 걸음 한 걸음 올라가다보면 고운 하늘 아래 깜찍한 모습의 들꽃들이 저마다 얼굴을 달리한 채 모습을 드러낸다. 할미꽃, 벌개미취, 참나리, 붓꽃, 은방울꽃, 비비추, 애기똥풀, 산철쭉, 꽃창포, 하늘매발톱, 황매화…….

이곳에 오면 우리나라 산야 곳곳에서 피어나는 들꽃을 한자리에서 원 없이 볼 수 있다. 여기에 보리밭과 밀밭도 한몫한다. 산자락을 따라 피어난 꽃마다 일일이 이름표와 간단한 설명이 곁들여져 있고 꽃과 관련된 서정시들이 군데군데 담겨 있어 하나하나 읽어가며 걷는 재미도 있다.

향이 있되 진하지 않은 은은함이 더한 매력을 발하는 들꽃길을 걷다가 오솔길 끝에 이르면 병풍처럼 둘러진 산자락이 온통 금낭화밭이다. 분홍빛과 흰빛이 어우러져 오롱조롱 피어난 금낭화가 산자락을 가득 메운 풍경이 독특하다. 이런 풍경의 꽃밭을 이곳 말고 또 어디에서 볼 수 있을까? 앙증맞은 꽃을 '줄줄이 사탕'처럼 주렁주렁 매단 금낭화 줄기. 그 무게가 조금은 버거운걸까? 살포시 휘어진 가녀린 줄기로 인해 수줍은 듯 얼굴을 숙인 금낭화 모습에 오히려 요염함이 묻어난다.

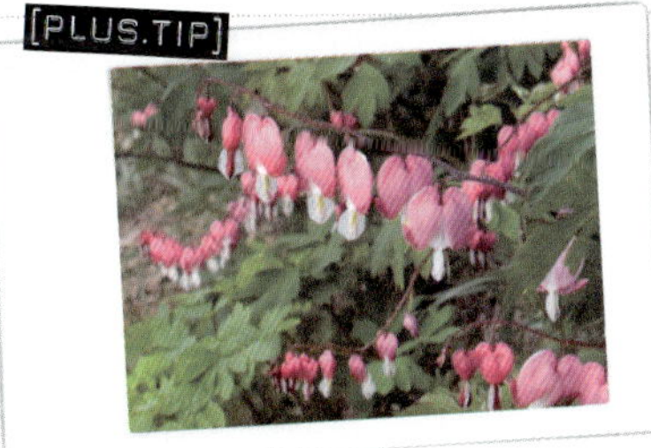

서운암 들꽃축제

'사람의 꽃, 인연의 꽃'이라는 주제로 해마다 4월 하순경에 열린다. 축제 기간에는 부처와 고승들에게 차를 올리는 헌공다례를 시작으로 신라 공연, 풍물놀이와 사물놀이, 불교무용, 가야금 연주 등의 공연과 시화전, 꽃누르미 작품전, 자연 염색작품전, 시조 낭송 등 다양한 행사가 펼쳐진다.

문의 055-382-7094

| 알고 가면 더 즐겁다 |

찾아가는 길

대중교통 동서울터미널이나 남서울버스터미널에서 언양행 직행버스를 이용한다. 언양에 도착하면 12번 시내버스를 이용하여 통도사 앞에서 하차한다.

승용차 경부고속도로−통도사IC에서 나와 양산 방면으로 좌회전−협진태양아파트 앞에서 우회전−직진하여 안쪽으로 들어가면 통도사 입구

먹을 곳

경기식당 통도사 인근에 위치하며 무공해 산나물로 만든 산채정식과 산채비빔밥, 더덕백반 등을 판다. 문의 055−382−7772

기타 인근에 부산식당을 비롯한 산채전문점과 갯마을 숯불장어구이전문점 등이 있다. 통도사 안에도 산채비빔밥과 손수제비를 파는 음식점이 있다. 성보박물관 옆에 자리한 연화빵가게에서 갓 구워낸 연화빵도 별미다.

잠잘 곳

통도사 인근에 숙박업소가 여러 곳 있다.

환타지아콘도 055−379−7000 통도자연관광호텔 055−381−1010 너른마당펜션 010−2943−2455 발렌타인모텔 055−383−2890 인터넷모텔 055−372−0990 W모텔 055−372−0229

+ 통도사

해인사, 송광사와 함께 우리나라 삼보사찰로 꼽힌다. 삼보는 불교의 세 가지 보물이라는 뜻으로, 불보(佛寶), 법보(法寶), 승보(僧寶)를 의미한다. 통도사는 부처의 진신사리를 모시고 있어 불보사찰로 일컫는다. 때문에 통도사의 대웅전에는 불상이 없다. 대웅전 통유리를 통해 고스란히 보이는 금강계단에 모셔진 부처님 사리탑을 향해 절을 하는 것이 이색적이다. 금강계단과 대웅전은 국보 제290호로 지정돼 있다.

+ 통도사 성보박물관

통도사에서 성보박물관을 보지 않는다면 통도사를 제대로 봤다고 할 수 없다. 3만여 점의 소장품을 지녔으며 우리나라 불교문화와 생활문화까지 두루 엿볼 수 있다. 특히 불교회화실에서는 대형 불화들을 한 자리에서 볼 수 있고 섬세한 조각으로 장식된 사찰건축의 구조물, 조선시대의 수준 높은 불교목공 기술과 정교한 목판인쇄술을 엿볼 수 있는 작품이 많다. **관람 시간** 오전 9시 30분~오후 5시 30분 (11~2월 오전 10시~오후 5시) **관람료** 무료

+ 통도 환타지아

통도사 인근에 있으며 각종 놀이기구와 대규모 수영장, 자연호수, 이벤트 광장, 대형 야외공연장 등을 갖춘 경남권내 최대의 테마공원이다. 두둥실 하늘을 나는 듯한 기분을 안겨주는 풍선여행도 좋고 무중력 동굴과 혹성탈출 놀이, 점프하는 순간 하늘로 치솟아 공중제비를 돌며 떨어지는 번지점프도 재미있다.

이용 시간 오전 10시~오후 9시 30분(토·일·공휴일 오후 10시), 매월 마지막 월요일 휴장 **입장료** 어른 1만6천 원(오후 5시 이후 1만2천 원), 어린이 1만3천 원(오후 5시 이후 9천 원) **문의** 055-379-7000

운무가 걷힌 자리에 남은
붉은빛 화사함

봄, 기나긴 기다림이 꽃을 피우다

철쭉 ●개화 시기 5월 초~5월 말 ●특징 진달래과에 속하는 철쭉은 세계적으로 만주와 한반도에만 분포하여 우리나라를 대표하는 꽃이라 해도 과언이 아니다. 간혹 진달래와 철쭉을 구별하지 못하는 이들도 있지만 구분하는 방법은 쉽다. 잎이 없이 꽃만 핀 것은 진달래, 꽃과 잎이 같이 핀 것은 철쭉이다. 진달래를 먹을 수 있는 꽃이라 하여 '참꽃'이라 하지만, 철쭉은 먹을 수 없어 '개꽃'이라 칭하기도 한다. ●꽃말 사랑의 즐거움. 삼국유사에 실린 향가 〈헌화가〉 내용을 살펴보면 벼랑 끝에 피어난 꽃에 반한 수로부인에게 지나가던 한 노인이 위험을 무릅쓰고 꺾어와 노래를 부르며 바쳤다는 꽃이 바로 철쭉이다.

계절의 여왕이라 일컫는 5월이 되면 철쭉꽃 세상이 펼쳐진다. 5월 초, 남녘땅에서부터 능선을 타고 서서히 올라오는 철쭉은 온산을 정열적으로 불태우며 봄의 끝자락을 깊게 물들인다. '사랑의 즐거움'이라는 꽃말 때문일까? 분홍빛으로 발갛게 물든 철쭉의 모습은 사랑을 품은 이의 마음처럼 언제 봐도 해사하다.

대개 4월 말부터 꽃망울이 터지기 시작해 5월 중순이면 정상까지 철쭉으로 뒤덮이는 지리산 바래봉은 국내 최고의 철쭉 명산 중 하나로 꼽힌다. 스님들의 밥그릇인 바리때를 엎어놓은 모습과 닮았다고 하여 이름 붙은 바래봉은 지리산의 숱한 봉우리 중 상대적으로 알려지지 않은 곳이지만 5월만큼은 지리산의 그 어느 봉우리도 바래봉의 운치를 따라잡지 못한다.

보통의 산철쭉은 다른 나무들 사이에서 제멋대로 피어나 들쑥날쑥한 모습이지만 바래봉 철쭉은 둥그스름한 산자락을 타고 빽빽하게 군락을 이룬 모습이 독특하다. 게다가 철쭉 군락지 주변은 이렇다 할 나무가 없는 초지로, 그 안에서 사람 키 정도로 고만고만하게 어우러져 피어난 모습이 마치 누군가 일부러 가꾼 꽃정원을 연상케 한다. 꽃잎 또한 여느 곳보다 크고 선명한 진홍빛으로, 색이 곱기로도 정평이 나 있다. 혹자는 지리산 철쭉 군락지 중 세석평전을 으뜸으로 꼽기도 하지만 지리산을 속속들이 아는 이들은 바래봉이 더 낫다고 말한다.

바래봉 철쭉이 이 같은 풍광을 지니게 된 것은 양 때문이다. 1970년대, 이 일대에 양을 방목하여 키웠는데 양들이 독성이 있는 철쭉만 남기고 잡목과 풀을 모두 먹어 치웠다니 따지고 보면 양떼들이 가꾼 철쭉 정원인 셈이다. 바래봉 철쭉 중 가장 화려한 자태를 뽐내는 곳은 바래봉 정상 아래 갈림길에서 팔랑치에 이르는 약 1.5km 구

희뿌연 연무와 붉은 진달래가 감싸안은 바래봉의 풍경.

간이다. 아울러 팔랑치에서 부운치로 향하는 능선을 따라 1,123봉으로 오르는 길목의 철쭉 군락도 볼만하다. 철쭉 산행은 대개 정령치와 운봉읍 용산마을에서 시작하는 것이 일반적이다. 걷는 것을 좋아한다면 정령치에서 출발하는 것이 좋다. 정령치에서 고리봉을 지나 세걸산, 세동치, 부운치를 거쳐 팔랑치로 이어지는 능선을 따라 봉우리를 오르내리며 걷다보면 웅장한 지리산 자락의 멋도 엿볼 수 있다. 하지만 팔랑치까지 이르는 거리가 10km는 족히 넘어 적어도 6~7시간은 잡아야 한다.

반면 꽃을 보는 게 주목적이라면 남원시 운봉읍에서 1.5km 떨어진 용산마을 주차장에서 시작하는 것이 좋다. 다소 가파른 곳도 있지만 염소목장 뒤로 나 있는 임도를 따라 오르기 때문에 산행이 비교적 수월하다. 이곳에서 바래봉 정상까지는 3.5km, 바래봉 정상 아래 갈림길에서 팔랑치까지는 약 1.5km로 2시간 정도면 충분하다. 팔랑치로 향하는 길로 접어들면 능선을 따라 길게 이어진 철쭉이 몽글몽글한 형태로 무리지어 피어 있다. 팔랑치 언덕을 둘러싸고 온통 철쭉으로 뒤덮인 길목은 꽃을 보호하기 위해 나무 데크를 만들어 놓아 꽃을 감상하며 오르기도 편하다.

맑은 날에 오르면 파란 하늘 아래 초록과 붉은 빛이 빚어내는 화려함을 볼 수 있지만 흐린 날도 색다른 장관을 연출한다. 바람이 불 때마다 능선을 덮었던 운무가 살며시 걷히면서 모습을 드러내는 철쭉은 신비롭기까지 해 상춘객들의 마음을 흔들어놓는다. 되돌아오는 길에 민둥산처럼 초원을 이루는 바래봉(1,165m) 정상에 오르면 지리산 전경이 한눈에 들어와 꽃으로 가득 채워진 가슴이 시원해지기까지 한다.

바래봉 철쭉제

매년 5월 중순, 철쭉이 만개하는 시기에 맞춰 열린다. 축제 기간에는 철쭉제례를 비롯하여 철쭉길 등반대회, 그림 그리기, 노래 자랑 등 다채로운 행사가 진행된다.

문의 063-634-0024

| 알고 가면 더 즐겁다 |

찾아가는 길

대중교통 남원시외버스터미널에서 운봉행 시외버스가 수시로 운행된다. 남원시에서 운봉읍까지 버스로 30분 정도 걸린다. 문의 남원공용버스터미널 063-633-0807

승용차 경부고속도로–대전~통영 고속도로–함양IC에서 빠져나와 광주 방향 88고속도로 진입–지리산IC에서 빠져나와 인월 사거리에서 우회전–운봉읍–용산마을–철쭉공원 주차장

먹을 곳

새집추어탕 남원의 대표적 향토음식은 미꾸라지를 곱게 갈아 시래기와 들깨를 듬뿍 넣고 끓인 추어탕이다. 어느 곳을 가도 담백하고 구수한 추어탕 맛을 볼 수 있지만 50여 년에 걸쳐 손맛을 이어오고 있는 이곳은 남원 사람들이 추천하는 집이다. 이 외에도 천거동에 추어탕 집이 많다. 문의 063-625-2443

욱모정 남원공용버스터미널 인근에 위치해 있다. 담백하고 부드러운 돼지갈비와 직접 뽑아내어 면발 식감이 좋은 냉면, 직접 빚은 왕만두, 능이버섯 갈비탕으로 인기 있는 맛집이다. 문의 063-633-6677

잠잘 곳

지리산대덕리조트 바래봉과 인접한 운봉읍내에 위치하며 이외에도 여러 모텔들이 있다. 문의 063-634-1234

구룡관광호텔 운봉읍과 인접한 인월면에 위치. 문의 063-631-6300

기타 남원시 한복판인 춘향테마파크 앞에 자리한 춘향골 안에 아담하고 깔끔한 여관들이 많다.

| 함께 둘러볼 곳 |

✚ 춘향테마파크

남원시 어현동에 있으며 환한 대낮보다 컴컴한 저녁에 오면 운치 있는 야경을 감상할 수 있다. 에스컬레이터를 타고 언덕 위로 오르면 은은한 청사초롱 가로등이 줄줄이 이어지고 잔잔한 가야금 선율이 밤산책의 묘미를 더한다. 산책로(1km 남짓)를 천천히 둘러보다 보면 한양으로 올라가는 몽룡의 말고삐를 부여잡고 애원하는 춘향, 변사또의 수청을 거절해 고문을 당하는 춘향, 아첨하는 이방 등 코믹하게 꾸며놓은 인형이 보인다. **입장료** 성인 3천 원. 청소년 2천5백 원, 어린이 2천 원 **문의** 063-620-6836

✚ 덕음산 산책로

테마파크 뒤에 자리한 야트막한 덕음산(267m)은 이른 아침 가볍게 산책하기에 좋다. 순환코스(2.5km)를 따라 쉬엄쉬엄 걸어 한 바퀴 도는 데 1시간가량 걸린다. 춘향테마파크 후문 옆길로 300m 정도 올라가면 왼쪽에 덕음정으로 가는 오솔길이 나온다. 이곳에서 덕음정까지는 700m. 주변에 소나무밭이 있어 향긋한 솔 향을 맡으며 걷기에 좋다. 정상에 자리한 덕음정에 오르면 남원시가 한눈에 보인다.

✚ 광한루원

춘향테마파크 앞을 흐르는 요천강변을 따라 걷다 승월교를 건너면 광한루다. 가는 길목에는 춘향마당, 흥부마당, 심청마당 등 테마별 돌조각품도 볼 수 있다. 승월교는 선남선녀에게는 참사랑을, 신혼부부에게는 백년해로를, 부부에게는 부부애를 가져다준다는 '사랑의 다리'로 통하며 저녁이면 하트 모양의 조명을 밝혀준다. 광한루원 오작교는 견우와 직녀의 전설이 담긴 곳으로, 1년에 한 번 이상 밟으면 부부간의 금슬이 좋아진다고 한다. **입장료** 성인 2천5백 원, 청소년 1천5백 원, 어린이 1천 원 **문의** 063-620-6831

PART 02
여름
화려한 꽃의 향연을 펼치다

삭막한 도심을 감싸는 우아한 향내

장미 ●**개화 시기** 5월 하순~6월 하순 ●**특징** 장미과에 속하며 기원전 2000년경부터 관상용과 더불어 향료를 얻기 위해 가꾸기 시작했다고 전해진다. 세계 여러 곳에서 품종을 개량, 현재는 종류를 헤아릴 수 없을 만큼 다양한 모습으로 피어나 '꽃의 여왕'이라 불린다. 원산지는 서아시아이며 영국의 국화이기도 하다. ●**꽃말** 애정, 행복한 사랑, 밀회의 비밀 등이며 꽃 색깔에 따라 약간 다르다. 빨간색은 욕망과 열정을, 하얀색은 존경과 순결, 분홍색은 사랑의 맹세, 노란색은 질투, 파란색은 불가능한 것을 의미한다. ●**장미에 얽힌 이야기** 장미의 꽃말 중 밀회의 비밀이란 의미는 로마신화로 거슬러 올라간다. 사랑의 신인 큐피드는 어느 날 어머니인 비너스의 사랑 이야기를 알게 된다. 어머니의 사랑이 세상에 알려지는 것이 두려웠던 큐피드는 그 비밀이 누설되지 않도록 침묵의 신인 헤포크라테스에게 부탁했다. 침묵의 신은 그렇게 하겠다는 의미로 장미를 보냈고 이후 장미는 밀회의 비밀을 지켜주는 꽃이 되었다. 이때부터 로마인들은 말조심하라는 표시로 연회석 천장에 장미를 조각했다고 한다.

봄의 끝에서 여름을 여는 대표적인 꽃이 장미라 할 수 있다. 바로 이즈음, 서울대공원 테마가든인 장미원에서는 로맨틱한 장미축제로 사람들을 유혹한다. 1만3천여 평의 공간에 293종에 이르는 수천만 송이의 장미 물결로 출렁이는 서울대공원 장미원은 국내 최대 규모의 장미화원으로 꼽힌다. 병풍처럼 에워싼 청계

산의 울창한 숲과 잔잔한 물결이 평온함을 안겨주는 호숫가에 둘러싸인 채 우아한 자태를 뽐내는 수많은 장미들……. 그 사이에서 피어나는 향긋한 꽃내음은 각박한 도심 생활에 찌든 마음까지 화사하게 물들인다.

매표소를 지나 장미원 안으로 들어서면 둥그스름한 원형으로 조성된 꽃밭을 둘러싸고 둥근 길이 여러 겹으로 둘러져 있고 그 사이로 여러 갈래의 샛길이 나 있어 마치 미로처럼 보인다. 구석구석 걷다보면 넓은 꽃밭을 가득 메운 장미마다 칵테일, 클레오파트라, 센티멘탈 등 모양만큼이나 분위기 있는 이름과 원산지가 적혀 있어 하나하나 비교해가며 볼 수 있다. 조막만한 꽃분홍 장미, 주먹만한 흑장미, 흰색과 분홍색이 한데 어우러져 독특한 멋을 내는 장미 등 큼지막하고 화려한 꽃을 피우는 하이브리드 티(Hybrid Tea) 계열에서부터 깜찍해보일 만큼 작은 꽃을 피우는 미니어츄어(Miniature) 계열, 한 줄기에 여러 송이가 뭉쳐 피는 플로리분다(Floribunda) 계열, 높은 담장이나 아치에 장식하는 덩굴장미(Climbing Roses) 계열 등 색깔이나 모양, 크기가 제각각인 다양한 종류의 장미를 한자리에서 감상할 수 있다. 수천만 송이의 장미가 뿜어내는 진한 향에 흠뻑 취해 뙤약볕 아래에서 장미 그림을 그리는 사람이 있는가 하면, 한 송이 한 송이마다 꾹꾹 카메라에 담는 사람도 부지기수다. 꽃밭 곳곳에는 시원하게 물을 뿜어내는 분수와 장미로 뒤덮인 아치형 통로, 멋진 조형물들이 놓여 있어 아기자기한 멋을 더하고 걷다가 쉬어갈 수 있는 파고라(정자)도 마련되어 있다.

뿐만 아니라 '장미의 향기를 이용해 최초로 향수 산업에 사용한 나라는 프랑스' '장미에는 파란색을 내는 색소인 델피니딘이 함유되어 있지 않기 때문에 파란 장미는 볼 수 없었지만 최근 파란색 꽃을 피우는 팬지에서 청색 유전자를 추출해 장미에 주입하는 방법으로 파란색 장미를 탄생시켰다. 영어에서 블루로즈는 있을 수 없는 일이란 관용어로 쓰였지만 파란 장미의 출현으로 이제는 있을 수 있는 의미로 바뀌게 되었다.' 등 군데군데 장미와 관련된 내용이 표시되어 있어 새로운 정보도 얻을 수 있다.

장미원 오른쪽 끝자락에 조성된 장미터널을 지나면 '꽃무지개원'이 나온다. 5,000여 평의 공간에 조성된 꽃무지개원은 흰색의 안개꽃 무리와 붉은색의 꽃양귀비, 노란빛의 금계국, 주황빛의 원추리, 청보랏빛의 꼬리풀 등이 조화를 이뤄 마치 무지개를 연상시킨다 하여 붙여진 이름이다. 인공적으로 화려하게 꾸며진 장미밭과 달리 이것저것 뒤섞인 야생화들이 들쑥날쑥 피어난 모습이 시골 들판을 연상시키는 자연꽃동산이다. 장미원 왼쪽 끝으로는 어린이 동물마당이 이어진다. 작고 귀여운 긴꼬리원숭이도 볼 수 있고 사슴, 양, 염소, 토끼, 나귀 등 동물에게 직접 먹이도 줄 수 있다. 틈틈이 개를 풀어 양몰이 하는 모습도 재미있다. 동물마당 안쪽으로 들어서면 호수를 가로지르는 다리 밑을 지나 호수를 끼고 걷는 산책로도 연결되어 있다.

서울대공원 장미원축제

매년 5월 말에서 6월 말까지 열린다. 축제 기간에는 스페인의 플라밍고, 프랑스의 캉캉, 미국의 카우보이 댄스, 불가리아의 버터플라이, 쿠바의 하바나, 라틴댄스 맘보 등 각국의 민속춤 공연을 펼쳐 흥미를 더하고 주말에는 다양한 음악회와 마술쇼 등도 열린다. 이외에도 장미비누 만들기, 아름다운 장미비누 전시회, 식용장미 시식회 등 장미 관련 체험 행사도 펼쳐진다. **개장 시간** 오전 9시~오후 7시 **입장료** 성인 2천 원, 어린이 1천 원 **문의** 02-500-7335

수천만 송이의 장미가 뿜어내는 화려한 향기에
작은 발걸음에도 취하게 된다.

| 알고 가면 더 즐겁다 |

찾아가는 길

대중교통 지하철 4호선 대공원역에서 내려 2번 출구로 나오면 서울대공원까지 도보로 5분 정도 거리다.

승용차 경부고속도로-양재IC-과천 방향으로 5km 가면 대공원 주차장

먹을 곳

로즈스토리 테마가든 앞에 있으며 다양한 종류의 스파게티, 돈가스, 우동 등을 판매한다. 문의 02-503-6933

호랑이 푸드코트 테마가든 건너편 동물원 내 호랑이사 앞에 있다. 묵은지찌개, 뚝배기불고기, 육개장, 해물파전, 왕돈가스, 잔치국수 등을 판매한다. 문의 02-507-1593

큰물새 푸드하우스 동물원 내 큰물새장 앞에 있다. 등심 돈가스, 어묵우동, 장터따로국밥, 옛날설렁탕, 김치제육덮밥, 산채비빔밥, 메밀물냉면 등을 판매한다. 문의 02-504-7627

잠잘 곳

그레이스 호텔 과천시 별양동에 위치해 있다. 관악산과 청계산이 보이는 전망 좋은 객실과 스카이라운지 커피숍, 세미나실을 갖춘 호텔이다. 문의 02-504-6700

과천관광호텔 해물요리 전문점, 로바다야끼 일식점을 비롯해 게임장, 스포츠마사지 등 다양한 부대시설을 갖췄다. 문의 02-504-0071

| 함께 둘러볼 곳 |

✚ 서울대공원 동물원

장미원 바로 앞에 있다. 아프리카 마사이족의 생활상을 알 수 있는 아프리카 어드벤처 구역을 비롯해 기린, 홍학, 하이에나, 그물무늬 왕뱀, 원숭이 등 다양한 동물들을 엿보며 산책하는 재미가 있다. 관람 시간 오전 9시~오후 7시 입장료 성인 5천 원, 청소년 3천 원, 어린이 2천 원

✚ 국립현대미술관

동물원을 뒤로하고 오른쪽으로 올라가면 나오는 국립현대미술관에서는 시기별로 다양한 작품을 감상할 수 있다. 미술관 앞에는 아담한 연못과 돌다리, 노란 파라솔이 어우러져 운치를 더하고 넓은 잔디밭 곳곳에 다양한 형태의 조각품이 전시되어 있다. 관람 시간 오전 10시~오후 6시(주말 오후 9시까지), 매주 월요일과 1월 1일 휴관 입장료 전시에 따라 상이 문의 02-2188-6000

✚ 서울랜드

다양한 놀이기구를 타는 맛도 좋지만 세계 각국의 독특한 건축물들을 재현한 '세계의 광장', 토산품과 향토 음식을 파는 옛 장터 등의 민속놀이 시설을 갖춘 '삼천리동산', 우주의 신비를 느낄 수 있는 '미래의 나라', 입체영화관이 마련된 '환상의 나라' 등을 둘러보는 재미도 쏠쏠하다. 입장료 성인 2만 원, 청소년 1만2천 원, 어린이 1만 원(오후 5시 이후에는 3천 원 할인), 자유이용권은 성인 2만 원, 청소년 1만7천 원, 어린이 1만5천 원(오후 5시 이후에는 2천 원 할인) 문의 02-509-6000

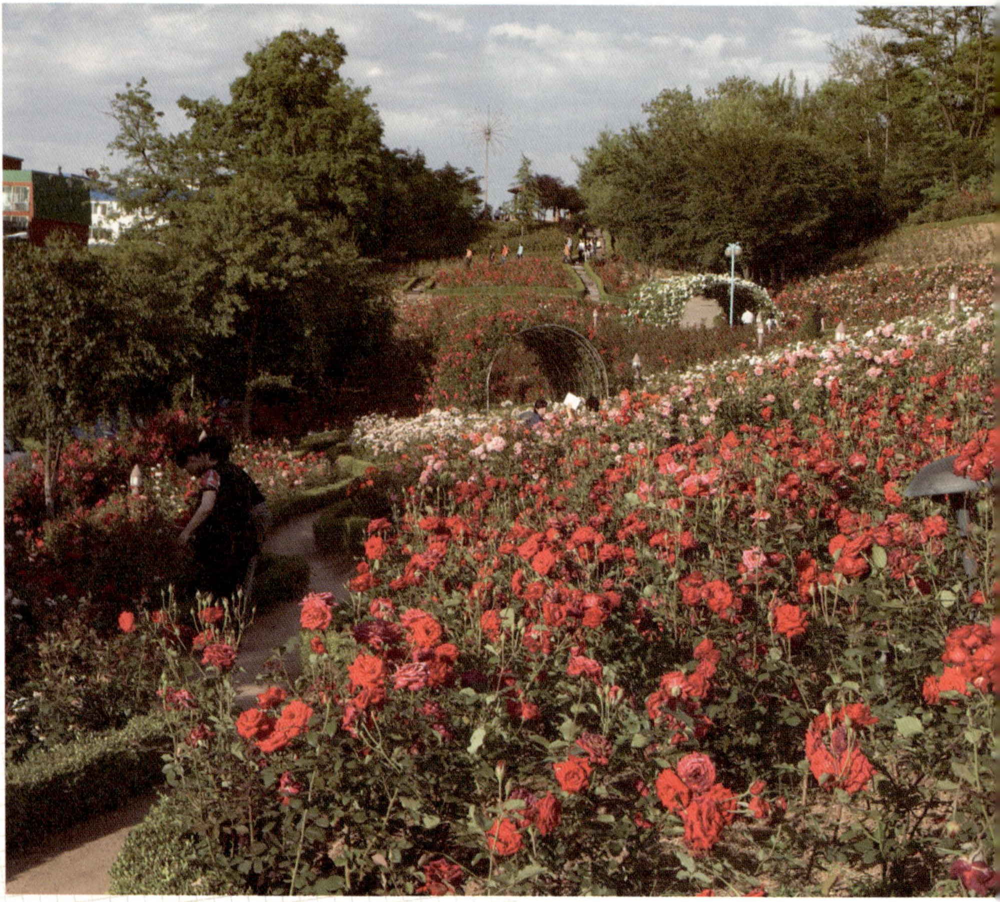

경기도 부천 도당공원

장미동산

바람이 머물고 꽃향기가 피어나는 쉼터

경기도 부천시 원미구 도당동에 자리한 도당공원도 6월이 되면 장미향으로 가득하다. 마을 안쪽 야트막한 도당산 자락에 조성된 장미꽃밭은 4,300여 평이나 된다. 1998년부터 장미를 심기 시작해 현재 15만 그루에 달하는 나무에서 피어나는 장미는 백만 송이가 넘는다. 넝쿨장미부터 세계 희귀종, 개량종까지 화려한 장미의 매력을 느낄 수 있으며 각양각색의 장미들이 꽃망울을 터뜨리기 시작하는 6월 초가 되면 수도권 관람객들로 분주해진다.

서울대공원 장미원이 평평한 들판으로 입구에 들어서는 순간 내려다보는 맛이 있다면 이곳의 장미원은 완만한 경사를 이루는 산줄기를 타고 피어 있어 들어서는 순간 올려다보는 맛이 있다. 완만한 경사면을 타고 층층이 조성된 꽃길 산책로 곳곳에는 장미로 둘러싸인 아치형 터널과 벤치, 정자, 다양한 형태의 전시물을 배치해 아기자기한 분위기를 더한다. 그 길을 따라 지그재그로 걷다보면 색깔도 모양도 각기 다른 장미들을 만나게 된다. 이곳 또한 장미마다 원산지와 이름, 꽃의 크기 등 다양한 설명서가 붙어 있어 하나

도심 안에서 만나는 향기로운 산책길. 부천 도당공원에 장미가 필 때면
가족, 연인과 함께 한가롭게 산책을 즐길 수 있다.

하나 비교해보며 들여다보기에 좋다. 하얀색, 빨간색, 분홍색, 주황색 장미들 사이로 한 걸음 한 걸음 걷다보면 산자락에서 불어오는 바람을 타고 향긋한 장미꽃 냄새가 콧속으로 부드럽게 스며든다.

장미꽃동산 중간 중간 쉼터도 마련되어 있어 꽃향기를 맡으며 쉬었다 가기에도 안성맞춤이다. 장미꽃동산 위에는 도당산으로 오르는 오솔길이 곳곳에 조성되어 있다. 정원처럼 가꾼 장미꽃밭도 좋지만 산자락을 따라 자연스럽게 피어난 들꽃과 소나무, 아카시아나무로 뒤덮인 숲길을 걷는 맛도 색다르다. 오솔길을 따라 200m 정도 오르면 아담한 마당에 타이어를 줄줄이 엮은 운동기구와 원두막 형태의 쉼터가 있다. 이곳을 중심으로 좁은 오솔길들이 갈래갈래 뻗어 있는데 어느 길을 들어서든 호젓하게 산책하기에 좋다. 장미꽃길을 따라 지그재그로 걷다 이곳에 올랐다 다시 내려가면 2km는 족히 걷게 된다. 저녁에는 길목마다 설치된 200여 개의 조명등에 불이 켜져 운치 있는 야간산책을 즐길 수 있다.

[PLUS.TIP]

부천 장미축제

매년 꽃이 만개할 즈음 이곳에서는 여러 행사가 펼쳐진다. 국악, 무용. 연극 등의 공연과 함께 감미로운 섹소폰 연주, 코믹 댄스 경연대회. 태권도 시범 등 다양한 행사가 열려 꽃길 산책의 재미를 더한다. **입장료** 무료 **문의** 032-625-4726

| 알고 가면 더 즐겁다 |

 ### 찾아가는 길

대중교통 1호선 전철 부천역 인근 버스정류장에서 12, 50, 70-2, 220번 등의 버스를 타고 도당동주민센터 앞에서 내린다. 이곳에서 장미동산은 도보로 5분 정도 걸린다.

승용차 경인고속도로-부천IC에서 빠져나와 내동사거리에서 좌회전-도당소공원사거리-도당공원

 ### 먹을 곳

못난 돼지 뿔사랑 도당동 장미동산 인근에 있다. 생고기를 별도의 소스에 담갔다가 불에 구워 상추에 싸먹는 맛이 일품이다. 문의 031-675-4203

이조시대 장미동산 인근에서 등심과 칼국수 볶음밥을 곁들인 샤브샤브 버섯칼국수로 이름난 집이다. 보쌈정식과 막국수도 판매한다. 문의 031-671-4234

 ### 잠잘 곳

아인스월드 인근 신도시 지역에 특급 비즈니스 호텔인 고려호텔을 비롯해 대형 호텔이 여러 곳 있다.

폴라리스관광호텔 032-323-1500 테마파크관광호텔 032-329-1100 고려호텔 032-329-0001

+ 아인스월드

세계문화유산과 역사적, 예술적 가치를 인정받은 전 세계 유명 건축물 109점을 실제 크기의 25분의 1로 축소해 재현했다. 영국의 화려한 타워브리지와 국회의사당, 버킹엄 궁전을 비롯해 프랑스의 에펠탑, 루브르박물관, 노트르담 사원, 베르사유 궁전, 이탈리아의 밀라노 대성당, 피사의 사탑, 그리스의 아크로폴리스, 이집트의 스핑크스와 피라미드, 캄보디아의 앙코르와트 사원 등이 눈길을 끈다. 9·11 테러로 인해 사라진 미국의 세계무역센터도 있으며 중국의 만리장성, 일본의 히메지 성, 한국의 불국사와 경복궁 등도 전시되어 있다. 미니어처 탐방로는 1.8km 정도다. **관람 시간 및 입장료** 주간(오전 10시~오후 6시) 어른 1만 원, 어린이 8천 원 / 야간(오후 6시~자정) 어른 1만6천 원, 어린이 1만3천 원 **문의** 032-320-6000

+ 한국만화박물관

아인스월드 인근에 있다. 한국만화 100년의 역사와 현주소를 두루 엿볼 수 있는 한국만화역사관, 시기별로 독특한 작품을 엿볼 수 있는 기획전시관을 비롯해 다양한 장르의 만화를 볼 수 있는 만화도서관까지 갖춰 어른 아이 할 것 없이 인기가 높은 곳이다. 입체 영상을 통해 진동, 향기, 물, 바람 등을 느끼며 관람하는 4D 애니메이션 상영관도 별도로 마련되어 있다. 또한 무림강호 차림으로 사진을 찍을 수 있는 '무림의 세계', 관람자가 직접 투수가 되어 야구를 체험할 수 있는 '외인구단과의 한판승부', 순정만화의 영상을 즐길 수 있는 '로맨틱한 순간들' 등 다양한 체험 공간도 있다. 마음씨 좋은 인상의 주인이 지키고 있는 옛날 만화가게와 구멍가게, 골목 등 수십 년 전의 풍경을 재현한 공간은 어른들에게 어릴 적 추억을 떠오르게 한다. **관람 시간** 오전 10시~오후 6시(매주 월요일 1월 1일·설·추석 휴관) **입장료** 5천 원, 가족권(성인 2, 어린이 2) 1만 5천 원 **문의** 032-310-3090

연못을 물들인
단아한 연꽃의 자태

연꽃 ●개화 시기 7월 초순~8월 하순 ●특징 수련과의 여러해살이 수초로 꽃의 색깔은 흰색 또는 붉은색이 주를 이룬다. 뿌리는 더러운 진흙탕에 두어도 더러움에 물들지 않고 맑고 깨끗한 꽃을 피우는 연꽃의 향기는 멀어질수록 향기로워 송나라 유학자 주돈은 연꽃을 꽃 중의 군자라 칭하기까지 했다. 연꽃은 대개 아침 일찍 개화해 오후가 되면 점차 꽃봉오리가 오므라드는 것이 특징으로 연꽃을 제대로 감상하려면 가급적 오전에 돌아보는 것이 좋다. ●꽃말 순결 또는 청순한 마음

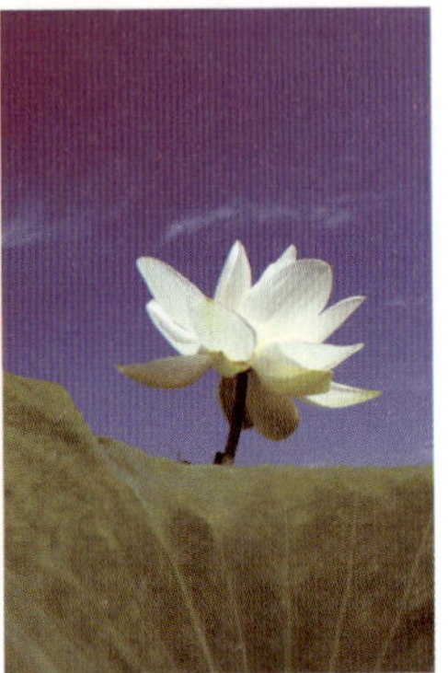

'관수세심 관화미심(觀水洗心 觀花美心)' 세미원 입구 건물에 새겨진 이 글귀는 '물을 보며 마음을 씻고, 꽃을 보며 마음을 아름답게 하라'는 의미다. 유유히 흐르는 남한강과 갈대밭 속에 폭 파묻힌 물과 꽃의 정원 '세미원'이라는 이름도 여기서 따왔다.

세미원의 자랑거리는 뭐니뭐니 해도 연꽃이다. 여름이면 사람 키만큼 자라올라 연못을 가득 메운 큼지막한 연꽃들이 연못을 화려하게 수놓는다. 매표소를 지나 일명 빨래판 다리를 건너면 태극기 문양의 불이문(不二門)이 있는데 이곳이 연꽃단지의 출입구다. 불이문이란 명칭은 유마경의 〈불이법문〉에서 비롯된 것으로 진리란 둘이 아니라 하나라는 것에 근거를 두었다.

태극문을 지나 안으로 들어서면 백두산에 자생하는 식물로 구성했다는 작은 연못이 있고 연못 뒤편에 깔끔하게 다듬어진 잔디밭 사이로는 빨래판 모양의 돌길이 길

게 이어져 있다. 물을 보며 마음을 씻는다는 세미원의 취지처럼 흐르는 한강물을 보면서 마음을 깨끗이 씻어내자는 상징적인 의미에서 모든 길을 빨래판으로 조성한 것이 이채롭다. 그 빨래판 돌길을 따라 안으로 좀더 들어가면 둥그스름한 돌담으로 둘러진 장독대가 나타난다. 가지런하게 놓인 장독대와 잘 생긴 소나무가 어우러져 정겨우면서도 멋스러운 풍경을 만들어낸다.

장독대를 지나면 본격적으로 연꽃밭이 시작된다. 네모반듯하게 가꿔진 연못 안에는 우산을 펴놓은 듯한 넓은 연잎 밑으로 가늘고 곧게 뻗은 줄기 위에 봉긋하게 피어난 연꽃이 곳곳에 들어서 있다. 같은 장소, 같은 기후 조건이건만 성질이 급해 이미 꽃을 피운 후 꽃잎을 떨군 것이 있는가 하면 제 세상 만난 듯 활짝 핀 연꽃에, 이제 막 꽃 몽우리를 맺은 것 등이 다양하게 뒤섞여 피고지고를 거듭한다. 연못 한복판에는 둥그스름한 돌탑과 작은 삼층석탑도 들어 있어 아기자기한 멋을 더한다. 연못 초입

연못 위에 소담하게 피어난
연꽃을 보면 유유자적 선비의
여유를 느낄 수 있다.

에는 기와를 얹은 정자 쉼터가 있어 잠시 쉬었다 가거나 사진을 찍을 수 있다.

네모난 연못 뒤로는 자연스럽게 형성된 연꽃밭이 넓게 펼쳐져 있다. 널찍한 연꽃밭 사이로 돌길로 통로를 만들어 사뿐히 걸을 수도 있다. 하지만 통로가 좁아 우산처럼 펼쳐진 연이파리들을 스치고 지나가는 게 미안할 정도다. 큼지막하게 피어난 연꽃들을 코앞에서 보면 그야말로 탐스럽기 그지없다. 꽃송이 자체도 크지만 이파리가 워낙 넓다보니 그 큰 꽃이 상대적으로 작아 보이는 점도 재미있다. 사방이 연꽃밭이다 보니 이렇다 할 그늘막이 없어 펑퍼짐한 연잎을 양산 삼고 싶어진다.

3만 평에 이르는 연못 가장자리와 연못 사이사이 길로 이리저리 걷다보면 전체적인 동선이 2km는 족히 넘는다. 다행히 연밭과 연밭 사이를 가로지르는 6번 국도 교각 아래 그늘은 세미원 산책 중 요긴하게 쉬어갈 수 있는 쉼터가 된다. 고가도로 밑 그늘 속에는 군데군데 벤치도 놓여 있으니 안성맞춤이다.

고가도로 건너편에 자리한 넓은 연꽃밭을 거닐다 보면 자그마한 아치형의 다리가 설치된 아담한 모네의 정원이 눈길을 끈다. 수련 그림으로 유명한 프랑스의 화가 모네(Claude Oscar Monet, 1840~1926)를 기려 만든 정원으로, 스스로 연못을 만들어 잔잔한 수면 위에 피어오른 수련의 아름다움을 화폭에 담았던 그처럼 아름답고 신비로운 영감을 도화지에 옮길 수 있는 예술가를 찾기 위해 만든 연못이다.

이곳은 연꽃 외에 요모조모 볼거리도 많다. 창덕궁의 옥류천과 경주 포석정 등에서 착안하여 굽이굽이 물이 흐르는 시설을 만들어 흐르는 물에 술잔을 띄워 시를 읊고 풍류를 즐기던 전통 정원을 만들었으며 보물 제847호로 지정된 창경궁의 풍기대(바람의 방향을 살피던 기후 관측기구), 몽촌토성에서 출토된 백제의 유물 중 하나인 토기탑, 화기(火氣)가 넘치는 지형에 수기(水氣)의 상징인 용두당간을 본떠 만든 용두당간분수, 호암미술관 소장의 보물 제786호로 지정된 청화백자운용문병 등의 모형 조형물들이 세미원의 멋을 더한다. 사방으로 연결된 빨래판 돌길 외에도 기차 침목길, 돌 징검다리길, 맷돌을 박아놓은 길 등 산책로의 모양도 가지가지로 한 걸음 한 걸음 밟고 지나는 맛이 이색적이다.

| 알고 가면 더 즐겁다 |

찾아가는 길

대중교통 중앙선 전철을 이용하여 양수역에서 하차, 세미원까지는 약 500m로 도보로 10분이면 충분하다.
승용차 양평 방향 6번 국도–신 양수대교를 건너자마자 오른쪽 밑으로 빠져나와 양수리 방향으로 유턴–양서문화체육공원에 주차–체육공원에서 세미원까지는 도보로 50m

잠잘 곳

용문산 입구에 깔끔한 펜션형 숙박업체들이 여러 곳 있다. 아울러 중원계곡 인근에도 펜션들이 즐비하다.
구름산책펜션 용문산 입구에 있으며 소나무숲으로 둘러싸인 데다 황토 벽돌로 지어져 아늑함이 묻어난다. 011–218–9749 **벨라지오 호텔** 031–774–9670 **꿈 있는 아침 펜션** 031–774–3755

먹을 곳

육콩이네 세미원 길 건너편에 자리하며 콩을 직접 갈아 두부를 만드는 두부전문점으로, 구수한 두부전골을 비롯해 얼큰순두부, 콩비지, 유기농쌈밥, 연칼국수와 연수제비가 별미다. **문의** 031–773–6733

이용안내

위치 경기도 양평군 양서면 용담리 632 **홈페이지** www.semiwon.or.kr **관람 시간** 3~10월 오전 9시~오후 6시(11~2월 오후 5시), 매주 월요일 휴관 **입장료** 3천 원(입장 시 관람료에 해당하는 농산물 교환권 제공) **문의** 031–775–1834

✚ 두물머리

북한강과 남한강 물줄기가 한 곳에서 합쳐진다 하여 이름 붙은 양수리. 우리말로 두물머리라 하며 고요히 흐르는 강물에 황포돛배도 떠 있고 수령 400년이 넘는 느티나무가 어우러져 운치 있다. 이른 아침 물안개가 피어오를 때면 고요한 강변에 환상적인 분위기를 더한다. 세미원 끝자락에는 두물머리로 연결되는 배다리가 있다.

✚ 용문사

913년(신라 신덕왕 2년)에 대경대사가 창건했다는 설과 신라의 마지막 왕인 경순왕이 세웠다는 설이 전해지는 천년고찰로 양평을 대표하는 사찰이다. 수령 천 년을 훌쩍 뛰어넘는, 동양에서 가장 큰 용문사 은행나무(천연기념물 제30호)는 경순왕의 맏아들인 마의태자가 나라 잃은 설움을 안고 금강산으로 가던 길에 심었다는 전설, 신라의 고승 의상대사의 지팡이를 꽂은 것이 자랐다는 전설 등 다양한 이야기가 전해온다. 사찰 입구에는 농경문화를 엿볼 수 있는 친환경농업박물관과 놀이시설을 갖춘 용문랜드가 자리하고 있다. **입장료** 성인 1천8백 원, 어린이 9백 원 **문의** 031-773-4768

✚ 중원계곡

용문산 인근에 위치하며 주변 산세가 깊고 수림이 울창해 가뭄에도 물이 줄지 않고 홍수 때도 물빛이 틱해지지 않는 천혜의 자연 조건을 갖췄다. 곳곳에 기암괴석과 옥류를 빚어내고 있는 이곳의 대표적인 명소는 중원폭포. 계곡 입구에서 15분 정도 올라가면 기암절벽이 병풍처럼 드리워진 가운데 3단으로 이어지는 폭포가 시원스레 떨어진다. 폭포 아래의 소도 제법 넓고 깊다. 폭포 주변에는 앉아서 쉬기에 좋은 암반과 숲속 공간이 군데군데 펼쳐져 있다.

　여름, 화려한 꽃의 향연을 펼치다

옛 추억이 담긴
친환경 연꽃 단지

남한강과 북한강이 두물머리에서 합류해 비로소 한강이 되는 즈음에 자리한 남양주시 조안면. 그 한 자락에 있는 능내리는 한강 줄기에서 처음으로 만나는 강마을이자 연꽃마을로 이름난 곳이다. '날아가던 새들도 내려앉아 편히 쉰다' 하여 이름 붙은 조안면은 서울을 비롯한 수도권 지역의 식수원인 팔당호를 품고 있어, 상수원 보호구역이자 개발 제한 구역으로 지정되어 있다. 그로 인해 수도

권임에도 때 묻지 않은 천혜의 자연환경을 지닌 곳으로 유명하지만, 정작 이곳에 사는 주민들은 남모를 속앓이를 해야만 했다.

그 중심에 있던 능내리 사람들은 환경 보호를 위해 감내해야 할 이중 규제를 역이용해 살길을 마련했다. 물을 지키고 마을도 살릴 방편으로 짜낸 지혜는 물을 정화시키는 식물 중 하나인 연을 심어 가꾸는 것이었다. 공을 들여 가꾼 연은 팔당호로 유입되는 오염 물질을 자연스럽게 걸러 낼 뿐만 아니라 규제로 묶인 습지를 친환경 관광지로 재탄생시켰다. 개구리밥이 잔디밭처럼 수면을 메운 저수지에 나룻배가 동동 떠 있는 모습은 그 자체로 한 폭의 그림이고, 한여름이면 넓은 저수지를 가득 메운 연잎과 우아한 연꽃 사이를 거니는 맛이 싱그럽다. 연밥, 연잎 차, 연 찐빵 등 연으로 만든 먹거리가 관광객들의 발길을 한 번 더 붙잡으며, 마을에 짭짤한 수입도 안겨주었다.

이곳에선 추억의 간이역을 둘러보는 재미도 쏠쏠하다. 1956년에 문을 연 능내역은 어쩌다 한 번씩 기차가 머물던 쓸쓸한 시골 역이었지만 2008년 중앙선 전철이 개통되면서 폐쇄된 뒤 오히려 유명세를 탄 곳이다. 기차가 다니지 않는 녹슨 철길 앞에 놓인 역사는 50여 년 전의 시간이 그대로 멈춘 듯 소박한 운치를 자아낸다. 빨간 우체통과 어우러진 아담한 역사 안팎에는 능내리 사람들의 옛 모습을 담은 빛바랜 흑백 사진들이 걸려 있어 아련한 향수를 불러일으킨다.

연꽃 단지 초입에 있는 머루터널을 지나 연꽃 산책로를 따라 들어가면 저수지 끝자락에서 다산유적지도 둘러볼 수 있다. 능내역 인근 마재마을은 조선 후기의 위대한 실학자인 다산 정약용 선생의 숨결이 깃든 곳이다. 다산유적지는 다산 선생이 태

어난 곳이자 천주교 박해 사건으로 전남 강진에서 오랜 유배 생활 끝에 돌아와 생을 마친 여유당을 중심으로 다산의 묘, 다산기념관, 실학박물관이 조성되어 있는 곳이다. 생가 앞에는 선생이 직접 설계해 수원 화성 축조에 사용되었던 거중기(무거운 물건을 손쉽게 들어 올릴 수 있는 기계)가 실제 크기로 전시되어 있다. 아울러 인근에는 모진 박해 속에서 정약용의 셋째 형인 정약종이 살았던 마재성지도 있다. 정약용 형제가 천주교를 접했던 마재성지는 아담하지만 마음이 평안해지고 요모조모 볼거리가 쏠쏠한 곳이다.

이처럼 다산의 얼이 깃든 조안면은 수도권에서 유일하게 슬로시티(Slow City)로 지정된 곳이기도 하다. 공해 없는 자연 속에 느림의 미학까지 가미된 이곳을 여행할 때는 차를 타고 훌쩍 들어서기보다 다산길을 천천히 걸어오는 것이 좋다.

한강과 북한강, 운길산, 축령산 등을 아우르는 남양주시의 둘레길을 통틀어 일컫는 다산길은 열 갈래가 넘는다. 각 코스마다 분위기와 볼거리가 제각각이지만 그중

가장 인기 있는 구간은 한강나루길(1코스)과 다산길(2코스), 새소리명당길(3코스)
이 겹치는 팔당역~능내역~운길산역으로 이어지는 길이다. 코스에 구애됨 없이 이
구간을 다산길의 백미로 꼽는 것은 시원스럽게 흘러내리는 한강 줄기를 따라 걷다
옛 기찻길을 걷는 낭만이 있고, 무엇보다 이 길의 중심에 능내리 연꽃마을과 다산길
이라는 명칭을 붙게 한 다산유적지가 있기 때문이다.

 팔당역에서 나와 폐철로를 활용해 자전거와 사람들만 다닐 수 있는 다산길을 따
라 능내리 연꽃마을로 오는 거리는 6km 정도다. 그 길목에서 여름에도 냉장고처럼
시원한 봉안터널도 지나고 1990년대부터 명성을 이어 온 데이트 명소인 레스토랑
겸 카페 봉주르도 만날 수 있다. 아울러 〈다산시문집〉에서 추려 낸 문구들을 엿볼 수
있는 다산 쉼터들도 곳곳에 있어 쉬엄쉬엄 걷기에 좋다. 아니면 팔당역 앞에 있는 자
전거 대여소에서 자전거를 빌려 시원하게 달려가는 것도 좋다.

| 알고 가면 더 즐겁다 |

 **찾아가는 길**

대중교통 다산길을 통해 능내리 연꽃마을까지 걸어서 오려면 중앙선 전철을 타고 팔당역에서 내리면 된다. 용산역에서 출발하는 중앙선 전철은 망우역에서 갈라지는 춘천행과 용문행이 있는데 팔당역은 용문행을 타야 한다. 걷는 게 싫다면 팔당역에서 2000-1, 8-8, 167번 버스를 타고 능내1리 정류장에서 내린다.

승용차 올림픽대로-미사리조정경기장-팔당대교-팔당대교 북단에서 양평 방향 구도로 진입-팔당역-능내리

031-577-8313 저녁바람이부드럽게 동그랗게 뭉친 만두 소를 계란에 적셔 밀가루에 굴려 만든 굴림만두와 전설의 얼큰찌개가 별미, 031-576-0815

능내역 앞 비빔국수가 별미인 추억의 역전집과 유기농 연잎밥 음식점이 있다.

 **먹을 곳**

팔당역에서 능내리 연꽃마을로 가는 길목 초계국수 국수전문점, 031-576-0330

다산유적지 앞 느티나무집 두부전골, 청국장, 쌈밥 판매,

 **잠잘 곳**

다산유적지 입구에 자리한 카페 겸 식당인 '저녁바람이부드럽게'(031-576-0815)에서 운영하는 황토방한옥펜션은 조용히 머무르기에 좋은 곳이다.

| 함께 둘러볼 곳 |

✛ 남양주종합촬영소

남양주시 조안면 삼봉리에 자리한 남양주종합촬영소는 국내 영상 문화의 다양한 일면을 엿볼 수 있는 곳이다. 야외에는 실제와 똑같은 모습으로 재현된 〈공동경비구역 JSA〉의 판문점 세트장과 〈취화선〉의 무대였던 조선 후기 민속 마을 세트장이 고스란히 남아 있어 영화의 감흥을 다시금 느껴 볼 수 있다. 야외 세트장 아래쪽에 자리한 영상지원관 내에는 영화의 특수 제작 기법과 첨단 기술의 세계를 관람객이 직접 체험할 수 있는 영상체험관과 영화인들이 '위대한 영화인'으로 선정한 원로 배우와 감독들의 작품, 세월의 흔적이 깃든 소장품, 법정 세트를 갖춘 영화인 명예의 전당, 영화제작에 필요한 다양한 소품을 엿볼 수 있는 소품의상실 등 아기자기한 볼거리가 많다.

관람 시간 오전 10시～오후 6시(11～2월 오후 5시), 월요일 휴관 입장료 어른 3천 원, 중고생 2천5백 원, 어린이 2천 원 문의 031-579-0605

✛ 수종사

능내역에서 가까운 운길산 중턱에 자리한 수종사는 조선 초기 세조가 금강산을 유람하고 돌아오던 중 이곳 바위굴에서 들려오는 종소리 같은 샘물 소리를 기이하게 여겨 절을 짓고 이름 붙인 곳이라고 전해진다. 산 중턱에 폭 파묻혀 있는 수종사는 규모가 아담하지만 세조가 절을 세우면서 심었다는 거대한 은행나무가 있으며, 북한강과 남한강이 만나는 두물머리를 한눈에 내려다보는 경관이 수려해 찾는 발걸음이 많다. 규모는 아담하지만 이곳에서 특히 눈여겨볼 것은 대웅보전 왼편에 자리한 수종사5층석탑이다. 1459년(세조 5년)에 건립된 5층석탑은 고려 시대 팔각다층석탑의 양식을 계승한 조선 전기의 석탑으로, 안정된 균형미와 화려한 탑신을 갖춘 모습이 기품 있어 보인다. 그뿐만 아니라 1957년 탑신을 지금의 자리로 옮길 때 불상, 보살상 등 18점의 유물이 발견되어 조선 초기 석탑의 양식을 연구하는 데 귀중한 자료를 선사했다. 탑신에서 발견된 유물들은 현재 국립중앙박물관에 소장되어 있다.

동양 최대의
연꽃 세상

전남 무안군 일로읍 복용리 회산마을은 동양 최대의 백련 자생지를 품은 마을이다. 예사롭지 않은 연꽃 세상이 펼쳐진 백련지는 원래 이름 없는 농업용 저수지였다. 영산강을 코앞에 둔 회산마을은 일제 강점기 때 조성된 거대한 저수지를 기반으로 비옥한 토지에서 농사를 짓던 평범한 마을이었다.

농업용수 확보를 위해 만들어진 평범한 저수지가 이렇게 동양 최대의 연꽃 세상으로 거듭난 건 저수지 옆에 살던 한 농부의 꿈에서 시작되었다. 이제는 고인이 된 정수동 씨가 그 주인공이다. 1955년 어느 여름날, 정 씨는 그저 심심풀이 삼아 저수지 가장자리에 백련 12주를 심었다. 그러면서 문득 연을 심

은 전날 밤에 꾼 꿈을 떠올렸다. 하늘에서 열두 마리의 학이 저수지에 내려앉는 꿈이었다. 열두 마리 학이 내려앉은 모습이 마치 백련이 피어 있는 자태 같던 그 꿈을 상서로운 징조라 여긴 정 씨는 자신이 심은 연꽃을 정성스레 가꾸기 시작했다. 여기에 마을 사람들까지 합세해 연꽃의 수는 차츰차츰 더 많아졌다. 연꽃은 보기에도 좋을 뿐 아니라 정수 작용을 하는 으뜸 식물이니 그야말로 일석이조였다.

1981년 영산강 하구둑이 완공되면서 언제든 농업용수를 바로 끌어들일 수 있게 되자 농작물의 젖줄이었던 이 저수지는 무용지물이 되고 말았다. 물을 채워 두지 못해 저수지의 수위가 점차 낮아지면서 자연스레 연꽃이 자생하기에 좋은 환경으로 변모해 백련이 급속도로 번져 나갔다. 연꽃이 무성하게 피어나는 백련지가 세상에 알려지기 시작한 건 1997년 '제1회 회산백련지 연꽃축제'가 열리면서부터다. 한 농부의 꿈에서 시작된 저수지 연꽃이 수십 년의 세월이 지난 후인 2001년 한국판 기네스북에 동양 최대의 연꽃 자생지로 등재되면서 복용리 회산마을은 아예 '연꽃마을'로 불린다.

야트막한 산자락에 둘러싸인 회산백련지의 크기는 10만여 평에 이른다. 이렇듯 넓은 저수지에 연꽃 중에서도 희귀하다는 백련이 가득 피어나는 이곳은 여름이 무르익으면 탐스러운 연꽃으로 장관을 이룬다. 매년 7월이 되면 초록빛 연잎이 덮이기 시작하고 고개를 내미는 꽃송이는 어른 주먹만 하다. 그러나 백련은 일시에 피지 않고 9월까지 제각각 꽃을 피우므로 한꺼번에 꽃이 만발한 풍경은 보기 힘들다. 백련지 한가운데를 가로지르는 출렁다리와 나무다리는 연꽃을 감상하기에 더 없이 좋은 장소로, 다리 곳곳엔 백련의 모습을 자세히 살펴볼 수 있는 전망대가 있다. 둘레가

우아한 자태, 다채로운 색의 연꽃들이
걸음걸음마다 발길을 붙잡는다.

3km에 이르는 저수지를 한 바퀴 도는 데는 1시간 정도 걸리지만 걷기 좋은 산책로 곳곳에 쉬어 가기 좋은 원두막도 있어 부담 없이 걸을 수 있다.

백련지 안에는 연꽃봉우리 모양으로 솟은 유리 온실이 있는데, 이곳에서는 여름이 아니라도 연을 비롯한 다양한 수생 식물과 아열대 식물을 엿볼 수 있다. 저수지 한쪽에 마련한 수생식물자연학습장도 관람객들에게 인기가 있다. 요염한 자태로 무리 지어 피어나는 노란 물양귀비, 멸종 위기인 가시연, 앙증맞은 노란 개연, 기름 등잔 위에 띄워 놓은 불꽃 같은 애기수련, 물옥잠 등 좀처럼 보기 어려운 수십 종의 수생식물이 즐비해 눈을 즐겁게 해 준다.

이곳에선 유별난 빅토리아수련도 볼 수 있다. 대부분의 연이 아침에 활짝 피었다가 해가 중천에 뜨면 꽃봉오리를 살포시 오므리는 데 비해 빅토리아수련은 해 질 녘에 피기 시작해 다음 날 동틀 무렵에 봉오리를 오므린다. 첫째 날엔 새하얗게, 이튿날은 핑크빛, 마지막 삼 일째에는 붉은빛의 왕관 모양으로 피어나 '밤의 여왕'이라 불린다. 지구상에서 가장 커다란 잎(지름 2m가량)을 지닌 꽃으로도 유명하다.

무안 연꽃축제

매년 8월 중순경에 회산백련지를 중심으로 연꽃축제가 열린다. 축제 기간에는 열기구를 타고 하늘로 올라 연꽃으로 뒤덮인 연못을 한눈에 조망할 수도 있고 배를 타고 연꽃 사이를 헤쳐 가며 코앞에서 연꽃을 볼 수 있다. 아울러 다채로운 공연과 전시회는 물론 요리 경연 대회도 펼쳐져 다양한 볼거리를 선사한다. 아울러 야외 물놀이장과 시원한 물줄기를 뿜어내는 분수대에 뛰어들어 여름 무더위를 밀끔하게 날려 버릴 수 있다는 것도 축제의 즐거움 중 하나다. **개장 시간** 오전 9시~오후 6시(입장 마감 오후 5시) **입장료** 어른 6천 원, 청소년 · 어린이 5천 원, 만 65세 이상 · 만 3세 이상~만 6세 이하 4천 원

| 알고 가면 더 즐겁다 |

 찾아가는 길

대중교통 서울에서 무안으로 직행하는 버스는 그리 많지 않으므로 시간이 맞지 않으면 광주로 가서 수시로 운행되는 무안행 버스를 타는 것도 한 방법이다. 무안터미널에 내리면 인근 버스 정류장에서 800번 버스를 타고 일로읍에서 내린 후 회산백련지로 가는 버스로 갈아탄다.

승용차 서해안고속도로–일로IC에서 빠져나와 우회전하면 회산백련지로 향하는 길목마다 이정표가 잘 설치되어 있어 찾아가는 게 수월하다.

먹을 곳

하늘백련브로이 백련쌈밥, 백련돈가스, 백련비빔국수 등 백련을 활용한 다양한 음식과 매장에서 직접 제조하는 연맥주를 맛볼 수 있는 이색 한식당이다. 회산백련지 인근인 일로읍 복용리에 위치해 있다. 문의 061-285-

8503

두암식당 짚불구이 삼겹살로 유명한 곳이다. 얇게 썬 삼겹살을 석쇠에 올린 후 짚불을 피워 올리면 순식간에 타오르는 짚불의 화력에 삼겹살의 겉면이 구워지면서 육즙이 빠져나가는 것을 막아 준다. 그래서 겉은 바삭하고 속은 부드럽고 촉촉한 데다 구수한 짚의 향기가 배어 한결 감칠맛이 도는 삼겹살을 맛볼 수 있다. 이에 더해 이 집만의 특제 소스인 게장양념을 찍어 먹는 맛이 일품이다. 무안군 몽탄면에 있는 무안역 건너편에 위치해 있다. 문의 061-452-3775

잠잘 곳

회산백련지 인근 백련리조트 061-287-5575 부들민박 061-281-3652 두레미마을 010-6616-5829 수련민박 061-281-5317 고동식민박 061-282-0983 각시수련 061-281-7632 백련한옥 010-3618-7973

갯벌생태습지 인근 물바우황토펜션 061-453-1178 풍경펜션 061-453-4347

| 함께 둘러볼 곳 |

✚ 무안생태갯벌센터

리아스식 해안으로 길게 펼쳐진 무안의 갯벌은 국내 최초의 습지 보호 구역이다. 무안군 해제면 일대에 조성된 무안생태갯벌센터는 소중한 청정 갯벌 생태계를 보존함과 동시에, 습지 환경과 갯벌의 중요성을 일깨워주는 국내 최대의 자연 생태 학습장이다.

무안생태갯벌센터는 지하 1층과 지상 2층으로 된 전시관과 갯벌생태공원으로 나뉘어 있다. 전시관 내부에는 입체 영상을 통해 갯벌 생물들을 엿볼 수 있는 다목적 영상관을 비롯해 현미경을 통해 갯벌에 사는 작은 생물을 더우더 세밀하게 관찰할 수 있는 갯벌탐사관과 갯벌생태관 등이 있다. 학습실과 갯벌연구실 등이 있는 2층에는 갯벌전망대도 있어 시원하게 펼쳐진 갯벌을 한눈에 내려다볼 수 있다.

전시관을 나오면 넓은 갯벌생태공원이 펼쳐져 있다. 아기자기하게 꾸민 야생화단지와 연못, 피크닉공원 등으로 구성된 생태공원에는 오토카라반캠핑장도 있고, 염전 체험이나 김 말리기 체험을 할 수 있는 야외 학습당도 마련되어 있다. 이곳의 터줏대감 격인 농게와 칠게, 망둥어 등을 비롯한 다양한 갯벌 생물들을 코앞에서 직접 살펴볼 수 있는 갯벌탐방로를 거니는 재미도 쏠쏠하다. 나무 데크로 조성된 갯벌탐방로에 들어서면 살금살금 걸어도 소리에 민감한 녀석들이 순식간에 구멍 안으로 사라져 버린다. 걸음을 멈추면 이내 구멍 위로 꼬물꼬물 머리를 내밀고는 다시금 요리조리 분주하게 움직인다. 그렇게 숨바꼭질을 거듭하는 갯벌 생물들을 한참 보아도 지루하지 않다.

관람 시간 오전 9시~오후 6시(오후 5시에 입장 마감),

1월 1일 · 설날 · 추석 · 매주 월요일 휴관

관람료 성인 2천 원, 청소년 1천5백 원, 어린이 1천 원

하늘과 가장 가까운 해바라기밭

해바라기　●**개화 시기** 7월 하순~8월 하순　●**특징** 국화과의 한해살이풀로 향일화(向日花)라고도
한다. '해바라기'는 중국 이름인 향일규(向日葵)를 번역한 것으로 해가 이동하는 방향에 따라 움직
이는 꽃이라 하여 붙은 이름이지만 꽃대 줄기가 강해 실제로 움직이지는 않는다. 원산지는 북아메
리카로 콜럼버스가 아메리카 대륙을 발견한 후 유럽에 알려질 당시 '태양의 꽃'이라 불리기도 했
다. 해바라기를 많이 재배하는 지역은 구소련, 인도, 유럽 등이며 페루의 국화이기도 하다.　●**꽃말**
애모, 숭배, 기다림

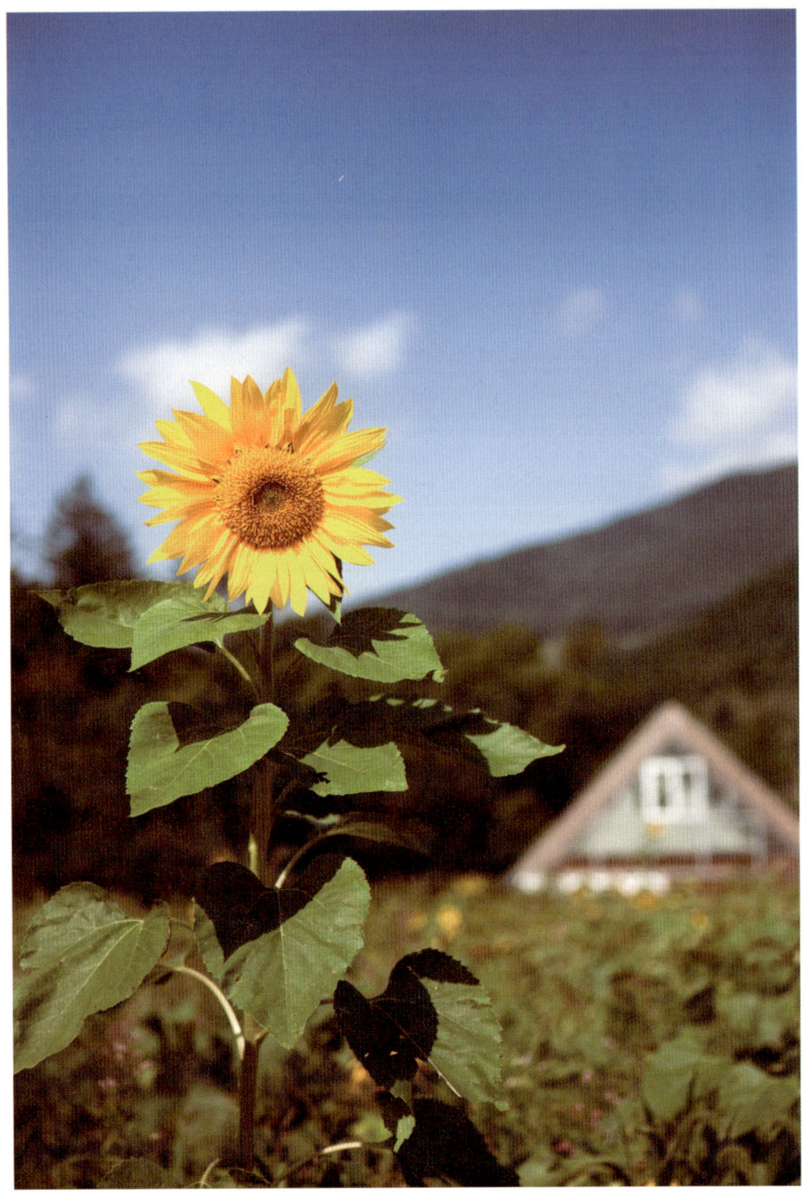

뜨거운 태양 아래 환한 미소로 화답하는 해바라기.
여름의 끝자락에서 햇살을 가득 담고 있다.

　　　　　　　전국에서 가장 높은 곳(해발 850m)에 위치한 해바라기밭을 품고 있는 강원도 태백시 황연동 구와우마을. 구봉산의 아홉 봉우리가 마치 아홉 마리의 소가 누워 있는 형상이라 하여 이름 붙은 구와우마을은 여름이 무르익으면 노란 세상으로 변한다. 구와우마을에 자리한 고원자생식물원의 해바라기들은 8월 초순경부터 꽃망울을 터트리기 시작해 하루가 다르게 산자락을 타고 번지면서 온통 노란색 물결로 뒤덮는다. 소피아 로렌이 주연한 영화 〈해바라기〉 풍경 못지않게 깊은 산 속에 펼쳐진 강렬하고 화려한 해바라기 들판은 어느새 태백의 여름철 명소가 되었다.

　1970년대 목장으로 개발돼 고랭지 배추밭으로 활용되던 이곳에 해바라기밭이 펼쳐지기 시작한 것은 2002년부터다. 현재 식물원을 가득 메운 해바라기밭은 16만m²(5만 평)에 이른다. 동양 최대 규모를 자처하는 고원자생식물원의 해바라기 밭은 두 지역으로 나뉘어 있다. 식물원 초입에 펼쳐진 작은 밭(1만 평)을 돌아 야트막한 구릉 너머에 큰 밭(4만 평)이 또 있다. 작은 밭이 산자락에 폭 파묻힌 아늑한 들판 느낌이라면 큰 밭은 부드러운 능선을 따라 구불구불 굴곡을 이루고 있어 시원시원하다. 해바라기밭과 능선을 따라 조성된 산책로는 3.5km다. 쉬엄쉬엄 걸어 산자락을 한 바퀴 둘러보는 데 1시간 30분은 족히 걸린다.

　입구를 지나 코스모스가 한들거리는 길을 따라 200m가량 들어서면 산자락에 둘러싸인 작은 해바라기밭이 모습을 드러낸다. 태양신 헬리오스를 짝사랑한 클리디아가 땅바닥에 주저앉아 태양신을 눈으로만 좇다 그대로 대지에 박혀, 결국 해바라기가 되었다는 신화 속의 꽃이다. 일편단심 태양신만 바라보겠다는 것일까. 작은 밭의

드넓게 펼쳐진 해바라기 들판에서
뜨거운 햇살과 시원한 바람,
꽃향기를 맡아본다.

해바라기들은 하나같이 해를 향해 등을 돌린 채 뒤돌아 서 있으니 좀처럼 얼굴을 볼 수 없다.

해바라기밭을 중심으로 오른쪽으로는 생태숲 탐방로가 나 있다. 30여 년 전 화전민을 이주시킨 후 잣나무, 잎갈나무 등을 심어 삼림욕을 하기에도 좋다. 생태숲길로 들어서면 싱그러운 숲 속의 향으로 가득하다. 나뭇가지 어디선가 새소리, 풀벌레 소리도 끊임없이 들리고, 나무 사이사이마다 야생화가 피어 있다. 크기는 작지만 해바라기와 닮은꼴인 루드베키아 군락이 눈길을 끄는가 하면 울창한 나무들 틈새에서 계절에 따라 수많은 야생화들이 피고 지는 이곳은 정갈하게 꾸며진 식물원이라기보다 강원도 산골에 들어선 느낌을 갖게 한다.

작은 해바라기밭을 둘러싸고 긴 말굽 형태로 조성된 생태숲길을 돌아 나오면 비로소 등을 돌리고 서 있던 해바라기와 얼굴을 마주할 수 있다. 해바라기는 여느 꽃과 달리 얼굴을 지닌 꽃처럼 보인다. 살포시 고개를 숙인 채 흘끗 곁눈질하는 느낌이랄까? 걷다보면 빼곡하게 줄지어선 해바라기 사열식을 받는 기분이다. 이즈음에는 해바라기밭 전경을 한눈에 볼 수 있도록 망루 전망대도 자리하고 있다.

작은 해바라기밭 맞은편, 야트막한 언덕길을 따라 5분 정도 올라가면 큰 해바라기밭이 모습을 드러낸다. 해바라기도 좋지만 큰 해바라기밭으로 가는 길목에서 도심에서는 맛볼 수 없는 산골의 고즈넉한 분위기를 고스란히 느낄 수 있다. 양떼 방목을 목적으로 조성한 넓은 초원이 있는가 하면 산자락을 휘감아 도는 오솔길에는 듬성듬성 들풀이 자라 아기자기하고 예쁜 길을 선사한다. 그 길 위로 가을을 불러들이는 파란 하늘과 동동 떠 있는 흰 구름, 단풍을 앞두고 초록의 멋을 다하려는 듯 그윽한 색감을 발산하는 나무와 풀들, 그리고 싱그러운 자연의 소리와 신선한 공기……. 눈과 귀, 코, 입까지 호사를 누리는 산소 같은 산책로다.

그 오솔길을 따라 들어오면 어느새 넓은 해바라기밭이 불쑥 모습을 드러낸다. 그 야말로 산 속의 노란 화원이다. 꽃밭 건너편의 산은 고랭지 배추밭과 풍력발전단지로 유명한 매봉산, 꽃밭을 배경으로 팽팽 돌아가는 풍력발전기의 날갯짓은 보는 것만으로도 시원하다. 그 바람에 힘입어 행여 산바람이라도 불어오면 100만 송이의 해바라기가 일제히 움직이는 모습은 마치 노란 파도가 밀려오듯 장관을 이룬다. 잠자리들이 떼 지어 날아다니고 벌들도 윙윙거리는 노란 해바라기밭에 들어서면 사람마저 고흐의 〈해바라기〉처럼 아름다운 그림이 된다.

태백 해바라기축제

매년 8월, 태백 구와우마을 고원자생식물원에서 열린다. 태백의 대표적인 여름 관광명소로 떠오른 해바라기축제 기간에는 해바라기 꽃길 산책은 물론 사진전, 조각전, 그림전, 뮤지컬과 마술 공연, 작은 음악회 등 문화예술의 묘미도 맛볼 수 있다. **입장료** 성인 5천 원, 어린이 3천 원 **문의** 고원자생식물원 033-553-9707

| 알고 가면 더 즐겁다 |

찾아가는 길

대중교통 기차나 버스를 이용하여 태백에 도착하면 태백시내에서 구와우마을까지 택시로 10분 거리다.

승용차 영동고속도로(원주 방향)—남원주IC—중앙고속도로(제천 방향)—제천IC—영월 방향 38번 국도—석항검문소—31번 국도—태백—구와우마을 고원자생식물원

먹을 곳

태백은 연탄불에 살짝 구워 담백하고 고소한 맛이 일품인 한우 고기로 유명한 집들이 있다.

태성실비식당 033-552-5287 경성실비식당 033-553-9356

넉넉한 육수에 닭갈비와 향긋한 채소를 곁들인 태백식 물닭갈비도 별미다. 오래 전 광산에서 작업을 하고 나오면 목이 칼칼해지는 광부들을 위한 요리였다고 한다.

태백시 번영로 1567닭갈비 033-553-1321

황지동 태백닭갈비 033-553-8119

잠잘 곳

태백시 서락로 오투리조트 타워콘도, 빌라콘도, 유스호스텔 등 다양한 형태의 숙박시설이 있다. 033-580-7000

태백산도립공원 내 태백산민박촌 태백시에서 운영하는 다양한 편태의 콘도형 숙박시설이다. 033-553-7440

태백시 소도동 태백산한옥펜션 033-552-2367

+ 매봉산 풍력발전단지

구와우 해바라기마을에서 3km쯤 떨어진 곳에 위치한 매봉산(1,303m)은 백두대간 줄기가 뻗어 내려오다 태백산 맥과 소백산맥으로 갈라지는 분기점이자 낙동강과 남한 강의 근원이 되는 산이다. 정상에 우뚝 솟은 8기의 풍력 발전기와 풍차가 이국적이다. 그 아래 가파른 산자락에 는 국내 최대 규모의 고랭지 배추밭이 펼쳐져 있다.

+ 검룡소

한강의 발원지로 알려졌으며 주차장에서 1.4km 지점에 위치해 가벼운 트레킹에 안성맞춤이다. 숲길을 따라 마음 씻는 다리라는 세심교를 지나고 아치형 나무다리를 건너 검룡소를 내려다보면 계단식으로 내려가는 물길이 이색 적인데 이는 서해에 살던 이무기가 용이 되려고 강줄기를 거슬러 올라와 몸부림 친 흔적이라는 전설이 있다.

+ 황지연못

태백 시내 한복판에 자리하며 낙동강 발원지로 알려져 있다. 둘레 100m인 상지, 50m인 중지, 30m인 하지로 나뉘며 상지를 가로지르는 돌다리에서는 동전을 던져 행운을 점칠 수 있다. 꽃 모양의 돌 위에 떨어지면 평생 행운, 거북이 등은 올해의 행운, 중간 지점은 오늘의 행 운이 따른다는 것. 던져진 동전은 불우이웃돕기에 사용 된다.

+ 용연동굴

우리나라에서 가장 높은 곳(920m)에 자리한 동굴로 매 표소에서 기차를 타고 동굴 입구까지 오른다. 굴의 길 이는 843m로 돌아보는 데 40분 정도 걸린다. 초입부 터 가파른 계단을 따라 동굴 안으로 들어서면 폭 50m, 길이 130m, 높이 30m의 대형 광장이 나온다. 광장 한 복판에는 오색불빛을 발하는 분수가 신비로운 분위기 를 더한다. 관람 시간 오전 9시~오후 6시 입장료 성인 3천 5백 원, 어린이 1천5백 원 문의 033-553-8584

PART 03
가을
꽃에 취해 자연을 만나다

가을의 햇살과
바람을 따라 만난 코스모스

코스모스 ●**개화 시기** 8월 하순~9월 하순 ●**특징** 국화과의 한해살이풀로 멕시코가 원산지다. 그리스어인 코스모스(kosmos)는 질서를 의미하는 말로 흔히 혼돈을 뜻하는 카오스(kaos)와 대립되어 혼돈의 세계에서 질서의 세계로, 어둠의 세계에서 빛의 세계를 여는 꽃으로 알려져 있다. ●**꽃말** 소녀의 순정

 살랑대는 봄바람 못잖게 싸한 가을바람 또한 어디론가 떠나자고 옷깃을 잡아당긴다. 기왕이면 꽃바람 가득한 곳이라면 더 좋을 터. 그렇다면 강줄기 따라 온통 코스모스밭으로 변하는 구리 한강시민공원이 제격이다. 매년 9월이면 구리 한강둔치는 만발한 코스모스가 사람들을 유혹한다.

강바람에 실려 오는 꽃향기를 맡으며 거닐기에 이보다 더 좋은 곳이 있을까? 파란 하늘 아래 코스모스가 바람에 하늘거릴 때면 어서 오라고 부르는 여인네의 손짓 같다. 공원 주차장도 온통 잔풀로 덮여 있어 차에서 내리는 순간부터 풋풋한 풀냄새가 풍겨온다. 눈도 즐겁지만 코도 호강하는 기분 좋은 곳이다.

7만여 평에 달하는 공원 부지 중 절반 이상이 코스모스밭이다. 하지만 그 넓은 땅에 코스모스만 달랑 있다면 싱거울 터. 코스모스 꽃길에 앞서 자줏빛 맨드라미, 새빨간 장미, 보랏빛 맥문동 등 다양한 모양새의 꽃들이 어우러져 아기자기한 맛을 더한다. 초입에 자리한 '호박·수세미 터널'도 공원의 아기자기함을 더해주는 요소 중 하나다. 철제로 만든 아치형 뼈대를 타고 촘촘하게 오른 넝쿨마다 퉁퉁한 호박과 길쭉한 수세미가 주렁주렁 달려 있는 모습이 재미있다. 터널 길이는 약 200m다.

코스모스밭 옆으로 흙길과 자갈길이 나 있고 야트막한 풀 담장 너머로는 강변에 바짝 붙어 있는 좁은 오솔길도 있다. 코스모스 꽃길 초입에는 맨발 지압로도 마련되어 있으며 코스모스밭을 중심으로 실개천도 줄줄 흐른다. 구불구불 흐르는 실개천을 따라 걷다 나무다리, 돌다리, 징검다리 등을 지그재그로 건너는 재미도 쏠쏠하다.

산책할 때는 코스모스밭을 사이에 두고 시계 방향으로 도는 것이 좋다. 호박·수세미 터널을 지나 코스모스 길 왼편에 있는 실개천을 따라 걷다 세 번째 원두막이 있는 지점에서 유턴한다. 그리고 초록빛의 보행자 도로를 걷다가 강변 오솔길도 걸어본 후 마지막으로 맨발 지압로에서 발을 풀어주면 금상첨화다. 이 코스를 따라 내처 걸으면 한 바퀴 도는 데 40~50분가량 걸린다. 곳곳에 벤치와 전망대가 있고 코스모스 꽃밭 안에 원두막도 있으니 쉬엄쉬엄 여유를 즐기며 가을 꽃길을 음미해보자. 공원 가장자리에는 말끔한 자전거 도로도 있어 자전거를 싣고 와 가을바람을 쐬며 시원하게 한 바퀴 돌아보는 것도 좋다. 그러나 꽃길은 나무 숲길과 달리 그늘막이 없으므로 챙 넓은 모자나 양산을 챙겨가는 센스도 필요하다.

구리 한강코스모스축제

매년 코스모스가 만개할 무렵에는 코스모스와 연관하여 구리 한강시민공원과 고구려대상산마을 등지에서 평생학습축제가 열린다. 축제 기간에는 코스모스 꽃밭 산책과 함께 문화와 과학이 만난 학습체험교실, 전국어린이발명왕대회, 광개토대왕비 탁본 체험 및 고구려 병영 체험 등을 할 수 있다.

문의 031-550-2065

서울에서도 자연의 아름다움을
그대로 느낄 수 있는 한강 둔치.
코스모스가 필 때면
가족 단위의 나들이객이 몰린다.

| 알고 가면 더 즐겁다 |

찾아가는 길

대중교통 지하철 2호선 강변역에서 내려 91, 93, 96, 97
번 버스를 타고 한다리마을 정류장에서 내린다(40분 소
요). 이곳에서 구리 한강시민공원까지 도보로 15분 정
도 걸린다.

승용차 강북강변도로–천호대교에서 구리 방향으로
4km 가면 한강시민공원으로 내려가는 길이 나온다.

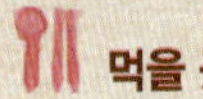

먹을 곳

장자호수공원 인근에 자리한 수택동 '돌다리 곱창골
목'은 담백한 곱창구이나 매콤한 곱창전골로 입맛을
사로잡는, 구리시의 인기 만점 먹을거리촌이다. 아울
러 인창동에 자리한 농수산물도매시장에서는 가을이
면 (굽는 냄새에) 집나간 며느리도 돌아온다'는 가을전어
의 참맛을 느낄 수 있다.

잠잘 곳

곱창골목으로 이름난 수택동 인근에 숙박시설이 밀집
되어 있다.

카프리모텔 031–567–2451 **호텔야자 구리수택점** 050–
7962–2723 **부티크호텔** 031–557–7900 **호텔팝** 031–
555–5556 **마르쉘모텔** 031–563–2540 **호텔아프리카**
031–566–3256

| 함께 둘러볼 곳 |

✛ 장자호수공원

한강시민공원의 시원한 풍경에 반해 길쭉한 호수를 따라 오밀조밀 이어진 코스모스 산책로가 아기자기하다. 한강시민공원에서 장자호수공원까지 도보길(약 1km)이 연결되어 있다. 20분 정도 걸어 작은 굴다리 밑을 지나면 빨간 나무다리가 나오는데 이곳부터가 호수공원이다. 코스모스가 줄줄이 피어 있는 흙길 밑으로 난 나무 계단을 따라 내려가면 호수 면에 세운 나무 길도 몇 군데 있어 물 위의 길을 걸으며 갈대, 창포, 부들, 물옥잠화 등의 수생식물과 쑥부쟁이, 구절초, 맥문동 등의 야생화를 감상할 수 있다. 가로등에 달려 있는 스피커에서는 은은한 음악도 흘러니와 산채 분위기를 더한다. 외지인에게 거의 알려지지 않아 호젓하기 그지없다. 코스모스길 끝에는 동글동글한 자갈이 콕콕 박힌, 200m가량의 맨발 산책로도 마련되어 있다. 호수 둘레는 3.6km며 한 바퀴 도는 데 40분 정도 걸린다.

✛ 곤충생태관

구리시 수택동 하수처리장에 위치한 곤충생태관도 아이들과 함께 둘러보면 좋은 곳이다. 100여 평의 유리 온실과 70평 규모의 표본전시실로 구성된 아담한 곳이지만 겨울에도 살아 있는 나비를 볼 수 있으며 장수풍뎅이를 비롯한 각종 곤충류, 수질오염의 지표가 되는 다양한 민물고기와 수생식물, 식충식물 등이 어우러져 생태학습장으로도 쏠쏠하다. 또한 이곳을 찾는 관람객들을 대상으로 '환경지킴이'라는 서약서를 만들어주는데 특히 어린이들에게는 컴퓨터 화면 앞에서 얼굴 사진도 찍어주고 지문을 인식하는 과정을 통해 흥미를 주면서 환경보호의 마음가짐도 갖게 한다. **견학 시간** 오전 10시~오후 5시(연중 개방) **문의** 031-551-8816

백마강 꽃물 따라
코스모스 길을 거닐다

'코스모스~ 한들한들~ 피어 있는 길~ 향기로운 가을 길을 걸어~ 갑니다~' 가을이면 어김없이 방송을 타고 흐르던 옛 유행가 가사처럼 가을이면 도심을 벗어난 길가 어느 곳에서나 볼 수 있었던 코스모스는 왠지 모를 아련한 향수를 불러일으킨다. 요즘은 길가의 코스모스가 흔치 않아 더욱 그럴 지도 모른다. 다행히 강바람에 실려 오는 꽃향기를 맡으며 드넓은 코스모스 들판을 감상할 수 있는 곳이 부여에 있다.

금강 자락이 부여를 휘감아 도는 구간을 일명 백마강이라 일컫는데, 그 강줄기를 따라 코스모스 밭이 펼쳐져 있다. 구드래수변공원을 중심으로 알록달록 펼쳐진 코스모스 밭은 면적으로 보자면 국내에서 가장 넓은 규모다. 끝을 가늠할 수 없이 길게 이어져 '꽃평선'을 이룬 모습이 그야말로 장관이다. 구드래는 백제의 도성인 사비성의 포구로 그 옛날 일본이나 중국으로 오가던 배가 드나들던 나루터 일대를 뜻하는

명칭이다.

　바람이 스칠 때마다 화려한 꽃물결로 일렁이는 들판을 마주하면 여름 문턱을 지나 어느새 가을이 성큼 다가왔음을 절로 느끼게 된다. 그 안에서 아직도 여름 끝자락을 놓지 못하고 간간히 고개를 내민 해바라기들이 꽃밭 풍경을 더욱 아기자기하게 꾸며 준다. 코스모스로 가득한 백마강변 한 자락엔 다양한 형태의 조각 예술품을 볼 수 있는 구드래조각공원도 자리하고 있다.

　아울러 백마강변 코스모스 나들이는 단순히 꽃만 보는 것이 아니라 백제시대의 흔적도 엿볼 수 있는 재미가 쏠쏠하다. 부여는 백제의 마지막 역사를 간직한 도시다. 성왕 16년(538년)에 수도를 공주에서 부여(당시 명칭은 사비)로 옮긴 백세는 의자왕 때 나·당연합군에 패하면서 660년에 그 역사를 마감한다. 어느덧 1350여 년의 세월이 흘렀지만 부여에는 120여 년간 이어진 사비 백제 시대의 흔적이 지금도 곳곳에

남아 있다. 특히 사비 백제 문화의 중심지인 부소산성은 백마강이 감싸고 돌아 외적 방어에 유리했기 때문에 유사시에는 왕궁을 방어하는 최후의 보루였지만, 경치가 좋아 평상시에는 왕궁의 후원으로 사용되던 곳이다.

꽃구경 끝에 부소산성으로 발을 딛는 그 첫걸음은 구드래 나루터에서 시작된다. 이곳에서 황포돛배를 타고 부소산성 밑에 있는 고란사 선착장까지는 15분 남짓 걸린다. 짧은 뱃길이지만 부여의 상징인 백마강에 두둥실 몸을 실어 본다는 의미도 있다. 선착장 바로 위에 있는 고란사는 삼천 궁녀의 넋을 위로하기 위해 지은 절로 규모는 작지만 모양새가 예쁘다. 절 뒤편 암벽 틈에선 약수가 퐁퐁 솟아난다. 한 잔 마실 때마다 삼 년이 젊어진다는 것을 모른 채 어느 할아버지가 벌컥벌컥 마셨다가 갓난아이가 되었다는 전설이 어린 약수터다. 고란사 위로는 정절을 지키려던 백제의 삼천 궁녀가 꽃잎처럼 떨어졌다는 전설이 깃든 낙화암이 솟아 있다. 깎아지른 바위

밑으로 푸른 물줄기가 흐르는 백마강을 보면 다리가 후들거릴 만큼 아찔하지만 풍광만큼은 일품이다. 특히 해 질 무렵 이곳에 서면 금강에 퍼지는 낙조가 아름답다.

부소산성이 위치한 부소산은 해발 106m밖에 안 되는 야트막한 산이다. 흙을 다져 만든 토성길과 완만한 산책로를 걷는 맛이 일품이다. 구불구불 소나무와 단풍나무가 우거진 길을 따라 이어지는 부소산성 길을 거닐다 보면 부여 시내가 한눈에 내려다보이는 반월루를 비롯해 백제군의 곡물 창고였다는 군창지, 성충, 흥수, 계백 등 세 명의 백제 충신을 기리기 위해 세운 사당인 삼충사 등을 두루 엿볼 수 있다. 고란사에서 부소산성의 정문 격인 사비성을 빠져나와 구드래 강변으로 돌아 나오는 코스는 쉬엄쉬엄 걸어도 1시간 30분 정도면 충분하다.

구례 산수유축제

3월 하순, 산수유가 마을을 온통 노란빛으로 물들일 즈음 산동면 일원에서는 산수유축제가 열린다. 계척마을 산수유 시목지에서의 풍년 기원제를 시작으로 불꽃놀이, 팔도 품바 경연 대회, 민속 윷놀이 대회, 장작 패기 대회 등 다양한 행사와 함께 산수유떡 만들기, 산수유 꽃길 걷기, 산수유 두부 먹기, 산수유 기념품 만들기, 산수유 음식 전시 등 산수유를 주제로 한 특별 코너가 마련된다.
문의 구례군 축제추진위원회 061-780-2726, www.gurye.go.kr

금강 자락이 부여를 휘감아 도는
백마강. 이 강줄기를 따라
코스모스 밭이 펼쳐져 있다.

| 알고 가면 더 즐겁다 |

 **찾아가는 길**

대중교통 시외버스를 이용하여 부여시외버스터미널에서 내리면 구드래 강변까지 도보로 10분 정도 걸린다. **승용차** 천안~논산고속도로–서공주JC–공주~서천고속도로–부여IC–부여대교 건너 좌회전–부소산성 주차장(주차장에서 구드래 강변까지 도보로 5분 거리)

잠잘 곳

부소산성 인근 삼정부여유스호스텔 041–835–3101 백제관광호텔 041–835–0870

백제역사재현단지 입구 롯데부여리조트 041–939–1000

정림사지 도로 건너편 스카이모텔 041–835–3331 미라보모텔 041–835–9988 아리랑모텔 041–832–5656

 **먹을 곳**

부소산성 서문에서 부소산문에 이르는 길(음식 특화 거리) 향우정 연잎에 찹쌀과 콩, 밤, 은행, 대추 등을 넣어 쪄낸 연잎밥이 있는 한정식 음식점, 041–835–0085 구드래돌쌈밥 041–836–9259 사비칼국수 어죽칼국수와 해물칼국수가 있는 곳, 041–832–5292 무봉리토종순대국 041–837–8982

궁남지에서 정림사지 가는 길목 백제향 연잎밥과 우렁쌈밥 전문점, 041–837–0110 궁남손칼국수 041–835–2162

 **이용 안내**

부소산성 입장 시간 오전 8시~오후 6시(11~2월 오전 9시~오후 5시) 입장료 성인 2천 원, 어린이 1천 원 문의 041–830–2330

백마강 유람선 타는 시간은 따로 정해져 있지 않고, 보통 일출 30분 전부터 일몰 30분 전까지 수시 운행한다. 이용료 구드래–고란사 편도 4천 원 문의 고란사 선착장 041–835–4690, 구드래 선착장 041–835–4689

| 함께 둘러볼 곳 |

✛ 궁남지

부여 시내에 자리한 궁남지는 백제 무왕 35년(634)에 만든, 우리나라에서 가장 오래된 인공 연못이다. 연못을 둘러싸고 5만여 평에 달하는 주변은 온통 연꽃밭으로 여름이면 백련, 홍련, 가시연 등 다양한 연꽃이 활짝 피어 장관을 이룬다. 연꽃이 피지 않은 시기엔 볼품이 덜하지만 연못 한가운데에 떠 있는 아담한 정자와 연못 가장자리 곳곳에 초가지붕의 정자와 아담한 벤치가 놓인 모습이 그림 같아 부여 연인들의 데이트 장소로 인기가 높은 곳이다. 감미롭게 흘러나오는 음악 소리를 들으며 연못을 돌다 연못을 가로지르는 예쁜 구름다리를 건너 포룡정에 앉아 잠시 휴식을 취해도 좋다.

입장료 무료

✛ 정림사지

궁남지에서 도보로 10분 거리에 있는 정림사지는 부여의 유서 깊은 유적지 중 하나다. 정림사는 백제의 사비 천도 즈음인 6세기 중엽에 창건되어 백제 멸망 때까지 번창했던 사찰이다. 소박하면서도 세련된 백제 석탑미의 상징적 유물인 정림사지오층석탑이 굳건히 자리를 지키고 있고 고려 시대 작품으로 여겨지는 석불좌상이 있다. 이곳에 정림사지오층석탑만 덜렁 있었다면 허전할 법하지만 백제의 불교 문화를 엿볼 수 있는 정림사지박물관이 들어서 돌아볼 만하다. 건물 형태가 불교의 상징인 '卍'자 모양으로 조성된 박물관에 들어서면 백제의 정교한 건축 기술을 비롯해 백세 시대 중 가장 화려했던 사비 시기의 불교 관련 벽화와 유물들을 만날 수 있다.

관람 시간 오전 9시~오후 6시, 월요일 휴관

입장료 어른 1천5백 원, 어린이 7백 원

문의 041-830-2721

가을볕을 한껏 품은
붉은빛의 그리움

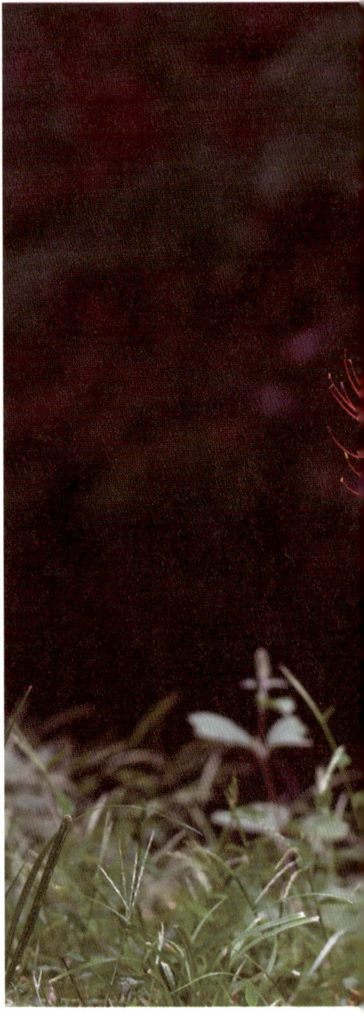

꽃무릇 ●**개화 시기** 9월 중순~10월 초순 ●**특징** 수선화과의 여러해살이풀로 본래 이름은 돌 틈에서 나오는 마늘종 모양을 닮았다 하여 '석산화(石蒜花)'라고 한다. 화엽불상견(花葉不相見), 꽃이 진 후에야 잎이 돋아나는 꽃무릇은 결코 만날 수 없는 애절한 사랑을 보여주는 듯하다 해서 상사화와 혼동되기도 하지만 잎이 지고 난 후에 꽃이 피는 상사화와는 엄연히 다르다. 꽃 색깔도 꽃무릇은 짙은 선홍빛인데 비해 상사화는 연보랏빛이거나 노란빛을 띤다. 개화 시기에도 차이가 있다. 상사화는 7월 말쯤 피어나지만 꽃무릇은 9월 중순이 되어야 개화한다. ●**꽃말** 이룰 수 없는 사랑 ●**꽃무릇에 얽힌 이야기** 우리나라의 대표적인 꽃무릇 군락지는 고창 선운사를 비롯하여 영광 불갑사, 함평 용천사 등이다. 우아한 자태의 연꽃과 달리 너무나 화려하고 유혹적인 빛깔인지라 절과는 그다지 어울릴 것 같지 않지만 유독 절집에 꽃무릇이 많은 이유는 뭘까? 바로 꽃무릇 뿌리에 있는 독성 때문이다. 코끼리도 쓰러뜨릴 만큼 강한 독성분으로 인도에서는 코끼리 사냥용 독화살에 발랐다지만 국내에서는 사찰과 불화를 보존하기 위해 사용해왔다. 절집을 단장하는 단청이나 탱화에 독성이 강한 꽃무릇의 뿌리를 찧어 바르면 좀이 슬거나 벌레가 꾀지 않는다고 한다. 이런 필요성에 의해 심은 것이 번져 군락을 이룬 것이다.

 빼어난 자연경관과 소중한 불교문화재들을 지니고 있는 선운사는 원래 동백으로 유명하지만 정작 이곳의 아름다움은 꽃무릇이 피는 가을에 정점을 이룬다. 무더운 여름 끝에 찬바람이 불기 시작하면 숲 곳곳에서 가을볕을 받아 동백만큼이나 붉은빛을 토해내는 꽃이 하나둘 피어난다.

꽃은 잎을, 잎은 꽃을 그리워한다는 꽃무릇. 꽃과 잎이 만나지 못한다는 것에서 비롯되었지만 선운사 꽃무릇에는 애틋한 사랑 이야기가 전해온다. 아주 오래전, 선운사 스님을 짝사랑하던 여인이 상사병에 걸려 죽은 후 그 무덤에서 꽃이 피어났다는 이야기도 있고 절집을 찾은 아리따운 처녀에 반한 젊은 스님이 짝사랑에 빠져 시름시름 앓다 피를 토하고 죽은 자리에 피어난 꽃이라고도 한다.

새색시의 녹의홍상을 연상시키듯 가녀린 연초록 꽃대 끝에서 붉게 피어오르는 꽃무릇. 그리움에 꽃잎 속내에 진한 멍이 든 걸까? 유난히 짙은 선홍빛을 발하는 꽃잎

에서 왠지 모를 애틋함이 묻어난다. 작은 이파리 한 장 없이 껑충한 줄기 위에 빨간 꽃송이만 달랑 피워낸 모습도 독특하다. 화려한 왕관 모양을 연상시키는 꽃송이를 가만히 들여다보면 마스카라를 곱게 발라 치켜올린 여인네의 긴 속눈썹을 닮았다. 한껏 치장한 그 모습은 누구라도 유혹할 만큼 요염하고 화려하지만 어딘가 모르게 외로움이 배어 있다. 외로운 이들끼리 서로를 달래주려는 듯 무리지어 피었으니 그나마 다행이다.

선운사 꽃무릇이 유독 눈길을 끄는 건 도솔천 물길을 따라 꽃을 피워내기 때문이다. 맑은 개울기에 핀 꽃무릇은 그림자를 드리워 물속에서도 빨간 꽃을 피워낸다. 선운사에서 가장 많은 꽃무릇을 볼 수 있는 곳은 매표소 앞, 개울 건너편이디. 자은 개울 너머에 온통 붉은색 카펫을 깔아놓은 듯 꽃무릇이 지천으로 피어 있어 꽃멀미가 날 정도다. 특히 이른 아침 햇살이 번지기 시작할 무렵, 옅은 새벽안개 속에서 도솔

빛깔 고운 꽃무릇이 필 무렵이면
선운사를 찾는 사람들의
발길도 마음만큼 바빠진다.

천을 발갛게 물들이는 모습은 어디서도 볼 수 없는 이색적인 풍경이다. 꽃무릇 군락지 안으로는 산책로가 나 있어 꽃길을 거닐며 멋진 사진도 찍을 수 있다. 매표소 뒤편, 너른 잔디 마당에도 꽃무릇이 그득하고 선운사 절집 앞에 펼쳐진 녹차밭 사이에서도 어김없이 빨간 꽃무릇들이 불쑥불쑥 얼굴을 내밀고 있다.

선운사에 오면 대부분 대웅전을 비롯해 절집만 둘러보고 나가는 경우가 많은데 정작 선운사 위에 자리한 도솔암을 놓치면 아쉽다. 대웅전을 지나 도솔암에 이르는 숲길 곳곳에도 붉은 띠를 두른 듯 꽃무릇이 툭툭 모습을 드러낸다. 울창한 나뭇가지 사이를 뚫고 스며든 햇살이 숲을 비추면 곳곳에서 빨간 불씨들이 아름아름 피어오르는 듯하다. 군락을 지어 피어난 꽃무릇이 화려함의 진수를 보인다면 호젓한 숲에서 하나둘 만나는 꽃무릇에서는 묘한 신비감이 느껴진다.

완만한 숲 산책로를 따라 3km 정도 오르다보면 신라 진흥왕이 수도했다는 진흥굴과 수령 600여 년으로 추정되는 잘생긴 소나무 장사송(천연기념물 제354호)도 볼 수 있다. 이곳을 지나 300m 더 올라가면 깎아지른 절벽 아래 아담한 절 마당에 두 채의 건물이 들어선 도솔암이 있다. 도솔암 왼편 칠송대라 일컫는 가파른 벼랑에는 마애불상(보물 제1200호)이 양각되어 있다. 배꼽 속에 든 비결이 햇빛을 보는 날 새로운 세상이 도래한다는 전설이 깃든 불상이다. 도솔암 오른편, 마애불 뒤를 돌아 바위를 끼고 100여 개의 좁은 돌계단을 오르면 내원궁도 자리하고 있는데 이곳에서 내려다보는 선운산 풍경도 일품이다. 선운산 정상까지는 아니더라도 이곳까지는 돌아보는 게 선운사 여행의 포인트라 할 수 있다.

푸른 녹음 사이로 붉게 빛나는 꽃무릇이
선운사의 가을을 더욱 붉게 물들인다.

| 알고 가면 더 즐겁다 |

 **잠잘 곳**

선운사 입구에 숙박시설이 여러 곳 있다.

선운산유스호스텔 063-561-3333 선운산관광호텔 063-561-3377 동백호텔 063-562-1560 도솔펜션 063-564-4421

 **찾아가는 길**

대중교통 고창공용버스터미널에서 심원, 해리, 만돌 방면으로 가는 버스를 타고 선운사 정류장에서 내린다.

승용차 서해안고속도로–선운사IC에서 나와 좌회전–선운대로–선운사 터널–삼인 교차로에서 선운사 방면 좌회전–선운사

 **이용 안내**

입장료 성인 2천5백 원, 어린이 1천 원 문의 선운산관리사무소 063-563-3450, 063-561-1422

 **먹을 곳**

고창에 가서 풍천장어를 맛보지 않았다면 헛 다녀왔다는 말이 있을 만큼 장어가 유명하다. 풍천장어는 바닷가 어귀에 다다른 강어귀(풍천)에서 난 장어를 말하며 내장과 뼈를 발라내고 갖은 양념을 하여 숯불에 구워 먹는 맛이 일품이다. 선운사 입구에 장어전문점이 즐비하다. 초원풍천장어 063-564-4047

| 함께 둘러볼 곳 |

✚ 고창읍성

조선 단종 원년(1453)에 축성한 성곽으로 이곳에서 돌을 머리에 이고 성을 한 바퀴 돌면 다리의 병이 낫고, 두 바퀴 돌면 무병장수하고, 세 바퀴 돌면 극락승천한다는 전설이 있어 사시사철 성벽을 도는 사람들을 심심찮게 볼 수 있다. 성을 돌고 나면 머리에 이고 있던 돌을 성 입구에 쌓아두는데 이는 겨우내 얼어붙었던 성을 다지고 유사시에 대비하려는 지혜가 밴 풍습이다. 높이 4~6m, 길이 1684m에 이르는 성벽을 따라 쉬엄쉬엄 한 바퀴 도는 데 약 30분이 소요된다. 성 안 곳곳에는 고을 수령이 업무를 보던 동헌을 비롯해 수령이 기거하던 살림집, 죄인을 가둬두던 옥사 등 조선시대 당시의 생활상을 엿볼 수 있는 건물과 밀랍인형들을 배치하여 볼거리도 쏠쏠하다. 관람 시간 오전 4시 30분~오후 10시(동절기에는 오후 9시까지) 입장료 성인 1천 원, 어린이 4백 원 문의 063-560-2710

✚ 고창 고인돌유적지

세계문화유산으로 등록된 곳으로 고창읍 죽림리와 아산면 하갑리 일대에 500여 기의 고인돌이 분포되어 있다. 우리나라뿐 아니라 세계 최대의 고인돌 밀집지역으로 알려진 이 일대에는 북방식인 탁자형 고인돌, 남방식인 바둑판형, 지상 석곽형 등 다양한 형태의 고인돌을 한 곳에서 볼 수 있다. 크기 또한 1m 미만에서 5m에 이르는 것까지 다양하다. 고인돌의 모양도 그 숫자만큼이나 다양해서 고인돌의 변천사는 물론 그 형성과 발전 과정을 규명하는 중요한 자료다. 그렇다고 너무 큰 기대를 가지고 간다면 다소 실망할지도 모른다. 야트막한 산등성이에 듬성듬성 놓인 고인돌들은 언뜻 보면 평범한 바위덩어리처럼 보이기 때문이다. 문의 063-560-8666

솜이 내려앉은 듯
보드라운 메밀꽃

메밀꽃 ●**개화 시기** 9월 초순~9월 하순 ●**특징** 마디풀과의 한해살이풀로 한의학에서는 교맥(蕎麥)이라고 부른다. 메밀의 원산지는 동아시아 북부 및 중앙아시아로 서늘한 고산지대의 자갈땅에서 생산된 메밀일수록 맛이 좋다. 메밀꽃은 가지 끝이나 줄기 끝에 여러 송이가 무리지어 피며 메밀꽃에는 꿀이 많아 벌꿀의 밀원이 되기도 한다. ●**꽃말** 연인

'여름장이란 애시당초 글러서 해는 아직 중천에 있건만 장판은 벌써 쓸쓸하고 더운 햇발이 벌여놓은 전휘장 밑으로 등줄기를 훅훅 볶는다. 칩칩스럽게 날아드는 파리 떼도 장난꾼 각다귀들도 귀찮다. 봉평장에서 한 번이나 흐뭇하게 사본 일이 있을까? 내일 대화장에서나 한몫 벌어야겠네.'

1930년대 강원도 봉평 일대를 떠돌아다니며 물건을 팔던 장돌뱅이들의 삶과 애환을 그린 이효석의 단편소설《메밀꽃 필 무렵》에서 묘사된 봉평장터 풍경이다.《메밀꽃 필 무렵》은 허 생원이라는 장돌뱅이 영감과 서로 입장이 비슷한 장돌뱅이 조

선달, 동이 등 세 사람이 봉평장에서 대화장까지 달밤의 길을 같이 걸어가면서 전개되는 하룻밤 이야기다. 늙고 초라한 장돌뱅이 허 생원이 20여 년 전에 정을 통한 처녀의 아들 동이를 친자로 확인하는 과정이 푸른 달빛에 젖은 메밀꽃이 흐드러지게 피어 있는 밤길 묘사와 더불어 시적인 정취가 짙게 풍겨 나온다.

매월 끝자리 수 2일과 7일에 장이 서는 봉평은 예전만은 못하지만 요즘도 시끌벅적한 시골 장터 분위기를 맛보기에 충분하다. 장이 서는 날에는 이른 아침부터 사람들로 활기가 넘친다. 여기에 새로운 주인을 기다리는 닭, 오리, 꿩, 기러기, 거위, 토끼, 칠면조 등도 장터에 나와 한몫 거든다. 삐약거리는 병아리들 사이로 '꼬끼오'를 연발하는 닭, 그 옆에서 꽥꽥거리는 오리들의 합창소리가 장터를 가득 메운다. 다른 한쪽에서는 '뻥이요~' 소리와 함께 뻥튀기 터지는 소리가 요란하다. 구수한 강냉이 냄새가 퍼지면 한두 줌씩 거저 얻어먹는 재미도 있다.

골동품 전시장 같은 노점 잡화들도 흥미롭다. 호롱불, 숯다리미, 풍경, 절구공이, 화로, 검정고무신, 반질반질 윤이 나는 무쇠솥 등 향수를 불러일으키는 물건들이 눈을 즐겁게 해준다. 누가 뭐래도 장날의 백미는 먹을거리다. 이곳에서 가장 인기 있는 먹을거리는 올챙이국수다. 장터 바닥에 쪼그리고 앉아 옥수수가루로 만든 국수에 양념간장을 넣어 먹는 올챙이국수는 그야말로 별미다.

장터의 분위기가 마무리될 즈음《메밀꽃 필 무렵》의 무대를 걸어보자. 1990년 이효석문화마을로 지정된 봉평면 창동리 마을은 매년 가을이면 수만 평에 이르는 들판에 어김없이 하얀 메밀꽃이 피어나 장관을 이룬다. 메밀꽃이 산허리를 휘감으며 마을 전체에 소금을 뿌린 듯 하얗게 피어난 모습은 어디서도 좀처럼 볼 수 없는 풍경이다. 소설의 모티브가 된 메밀꽃을 배경으로 지금도 작품 속 무대가 고스란히 살아 있어 가산 문학의 향수를 온전히 느낄 수 있다.

봉평장터를 벗어나 이효석문학관 방향으로 5분쯤 걸어가면 그의 문학정신을 기리기 위해 만든 가산공원이 있다. 그 옆으로는 흥정천이 흐르는데 소설 속에서 물에 빠진 허 생원을 동이가 업고 건너며 혈육의 정을 느끼던 그 장면의 개울이다. 개울 건너편에는 성 서방네 처녀와 허 생원이 사랑을 나누던 물레방앗간도 있다. 또한 동이와 허 생원이 다투던 충주집, 허 생원이 숨을 헐떡거리며 넘던 노루목 고개도 그대로 남아 있다.

물레방앗간 위편에 자리한 이효석문학관은 이효석의 작품 세계와 인간 이효석에 대해 엿볼 수 있는 곳으로 가산 선생의 육필원고와 유품, 작업실 풍경, 동시대를 풍미했던 작가들의 빛바랜 작품이 전시되어 있다. 1930년대 당시의 얼굴을 담은 작자 미상의 가산의 초상화 밑에 1973년에 받은 문화훈장도 살포시 놓여 있다. 야트막한 언덕 위에 위치한 이효석문학관에 서면 평화로운 마을 풍경이 시원스레 펼쳐진다.

효석문화제

매년 메밀꽃이 만개하는 9월 중순 무렵에는 효석문화제가 열린다. 《메밀꽃 필 무렵》의 배경 무대를 중심으로 자연과 문학을 접목한 축제로, 메밀밭과 물레방앗간, 생가 터를 직접 둘러보는 걷기 체험을 비롯해 효석백일장, 이효석 문학강좌, 각종 공연이 이뤄지며 행사장 먹을거리촌을 중심으로 옛 모습의 장터가 고스란히 재현된다. 응징진 잎 둔지에서는 널뛰기, 제기차기, 줄넘기, 고무신 끌기, 비석치기 등 전통 민속놀이와 전통 체험마당도 펼쳐진다.

문의 033-335-2323, 이효석문학관 033-330-2700

푸른 하늘 아래
흐드러지게 필 매밀꽃이
더욱 정겹다.

| 알고 가면 더 즐겁다 |

찾아가는 길

대중교통 동서울버스터미널, 상봉터미널에서 장평을 경유하는 강릉행 시외버스를 이용해 장평에서 내린다. 장평버스터미널에서 봉평행 버스(약 1시간 간격 운행, 10분 소요)를 타고 봉평면에서 내리면 된다.

승용차 영동고속도로–장평IC–봉평 방면으로 우회전–봉평면에서 좌회전–200m쯤 가면 봉평장터–봉평장터에서 흥정천 안쪽으로 들어가면 이효석문화마을

먹을 곳

푹 삶은 곤드레 나물을 들기름에 살짝 볶은 후 솥바닥에 깔고 쌀을 얹어 지은 밥으로 양념간장에 쓱쓱 비벼 먹는 곤드레밥은 평창의 별미 중 하나다. 이효석문학관 인근에 위치한 가버슬(033–336–0609)을 비롯해 평창읍내 곳곳에 곤드레밥 전문점이 많다. 아울러 메밀로

유명한 봉평에는 담백한 메밀국수와 매콤한 메밀전병 맛을 볼 수 있는 메밀전문점이 즐비한데 어느 집이든 맛과 가격은 비슷하다. 평창읍내 버스터미널 옆에 있는 평창시장에서는 솥두껑을 엎어놓고 즉석에서 부쳐 주는 메밀부침개와 메밀전병 맛을 볼 수 있다.

잠잘 곳

휘닉스파크 안에 호텔과 콘도 등 다양한 형태의 숙박 시설이 많다.

산, 들, 바람 펜션 흥정계곡 인근에 있으며 유럽풍 목조 주택으로 조성되어 있다. 문의 010–8479–6468

펜션리조트 숲속의 요정 봉평면 무이리에 위치하며 다양한 평형에 월풀욕조와 독립 바비큐데크 등 각종 편의 시설을 갖췄다. 문의 033–336–2225

| 함께 둘러볼 곳 |

+ 흥정계곡&허브나라

흥정산에서 발원하여 5km에 이르는 구간을 흘러내리는 흥정계곡은 물이 맑고 깨끗하며 수량이 풍부한 청정계곡으로 가을에는 단풍으로 물든 모습이 아름답다. 흥정계곡가에 자리한 허브나라는 이름처럼 허브 향기가 가득한 전원농원이다. 2만여 평 부지에 100여 종의 허브를 재배하는 곳으로 허브의 모든 것을 엿볼 수 있는 허브 정원과 어린이 정원, 향기 정원, 셰익스피어 정원, 달빛 정원, 나비 정원, 연못, 햇빛 정원 등 7개이 테마 가든, 그리고 허브나라에서 쓰이는 허브를 기르는 농장으로 구성되어 있다. 아울러 '한국과 터키가 하나되는 울타리'라는 뜻의 '한터울 갤러리'에서는 터키의 옛 생활상이 담긴 수공예품과 민속의상, 생활도구 등의 전통공예품을 둘러볼 수 있다.

허브나라 문의 033-335-2902

+ 무이예술관

봉평면 무이리에 있는 무이예술관은 조각, 도예, 서예, 회화 작가들의 공동 작업실이자 오픈스튜디오로, 예술의 향기를 느끼고 체험할 수 있는 문화공간이다. 잔디마당 곳곳에 기발한 형태의 조각품이 늘어서 있고 건물 벽면은 물론 화장실까지 재미있는 그림과 독특한 조형물이 가득하다. 30여 년간 메밀꽃을 그려온 정연서 화백의 메밀작화실에서는 화폭 안에 흐드러지게 핀 메밀꽃을 감상할 수 있다. 복도 끝에는 도자갤러리와 층층나무찻집도 자리하고 있다. 관람 시간 오전 9시~오후 7시(매월 1, 3주 월요일 휴관) 입장료 성인 3천 원, 어린이 2천 원 문의 033-335-6700

 가을, 꽃에 취해 자연을 만나다

가을마다 피어나는
비밀 화원

봄꽃이 화사하다면 가을꽃은 단아하고 청초하다. 봄꽃에 따스함이 있다면 가을꽃엔 왠지 모를 서늘함이 스며 있다. 여름 끝을 지나 아침저녁 서늘한 기운 속에서 하나둘 모습을 보이던 구절초가 만개할 무렵, 하늘은 높아지고 알알이 영근 벼는 한껏 고개를 수그린다.

'구절초 꽃 피면은 가을 오고요, 구절초 꽃 지면은 가을 가

는데…'라는 김용택 시인의 〈구절초 꽃〉 한 대목처럼 가을을 대표하는 구절초를 원 없이 볼 수 있는 곳이 정읍에 있는 구절초테마공원이다. 가을이 되면 산내면 매죽리 산자락을 하얗게 덮는 구절초는 언뜻 어느 유행가 가사처럼 '눈꽃인 듯 눈꽃 아닌 눈 꽃 같은' 묘한 자태로 사람들을 유혹한다.

정읍과 임실 사이를 뱀처럼 휘감아 도는 옥정호 끝자락에 구절초테마공원이 조성 된 건 10여 년 전. 가을마다 아름다운 '비밀 화원'이 되는 구절초 동산이 탄생하게 된 건 사실 당시 오지 산골이던 이곳 주민들이 받은 상처에서 비롯됐다. 2004년 즈음 전국 면 단위 지역 소득 수준을 조사한 결과 산내면은 전국에서 가장 가난한 동네라 는 수모를 받았다. 이에 마음의 상처를 입은 주민들은 고심 끝에 산자락에 구절초를 심고 조금이나마 소득에 보탬이 되고자 구절초축제를 대안으로 내세웠다. 2006년 에 첫 선을 보인 구절초축제는 해를 거듭하면서 인기를 끌어 지금은 해마다 수십만 명이 찾아오는 전북의 대표적인 축제로 자리매김했다.

축제 현장인 구절초테마공원은 무엇보다 무성한 솔숲과 어우러진 풍경이 매력적 이다. 야트막한 산자락 능선을 따라 소나무와 구절초가 가득한 공원에 들어서면 바 닥에 구절초 그림이 담긴 예쁜 산책로가 요리조리 길을 안내한다. 사철 푸르른 소나 무 사이사이를 가득 메운 하얀 꽃밭은 색감의 조화가 싱그러울 뿐만 아니라 향긋한 솔향기와 은은한 구절초 향이 어우러져 코끝으로 스며드는 풍취도 그만이다.

아름다운 꽃길을 음미하며 쉬엄쉬엄 앉았다 가기 좋은 벤치에도 꽃 그림이 그려 져 있어 꽃향기가 솔솔 풍기는 느낌을 안겨준다. 그런가 하면 앙증맞은 우체통과 토 끼 의자, 십이지신상을 형상화한 귀여운 나무 장승들이 슬며시 웃음을 자아내게 한

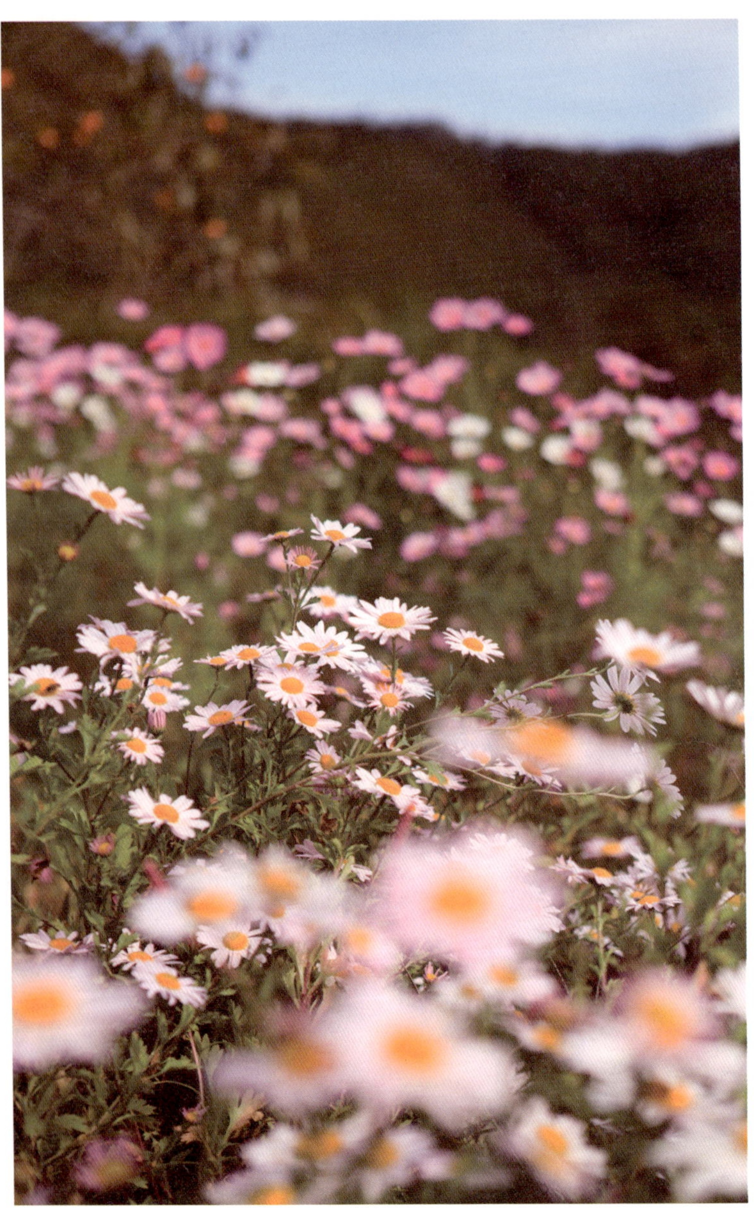

다. 그렇게 천천히 꽃산을 올라 전망대에 이르면 발밑으로 산자락을 휘감아 돌아 옥정호로 흘러드는 추령천 물줄기와 거대한 캔버스로 변한 가을 들판이 모습을 드러낸다. 너른 들판을 화폭 삼아 고추잠자리나 나비 모양으로 멋을 낸 풍경이 한 폭의 수채화처럼 은은하다.

구절초테마공원의 꽃숲은 한낮에 보는 풍경도 아름답지만 특히 아침 풍경을 백미로 꼽는다. 이른 아침, 추령천 물줄기에서 피어오른 물안개가 소나무 사이로 스며들면 뽀얀 안개 속에서 꽃들이 새색시처럼 수줍은 자태를 내비치는 풍경이 가히 몽환적이다. 안개가 걷히고 아침 이슬이 몽글몽글 맺힌 꽃들은 더욱 싱그럽다. 잘 말린 구절초 꽃으로 차를 우려 마시면 자궁냉증과 생리불순, 생리통을 다스리는 데 효과가 좋아 그 옛날 어머니가 시집가는 딸에게 주던 꽃이기도 하다. 이처럼 어머니의 사랑을 머금은 구절초는 늦가을 서리가 내릴 때까지 단아한 자태로 깊은 향기를 낸다. 소슬바람에 일제히 살랑대는 하얀 꽃물결 속에서 그렇게 가을이 깊어간다.

구절초축제

구절초가 절정에 이르는 10월 초 무렵에는 구절초테마공원에서 구절초축제가 열린다. 축제 기간에는 꽃밭음악회를 비롯해 다양한 공연과 신시회기 펼쳐진다. 만개한 구절초 꽃길을 걸은 후 구절초 꽃차도 맛보면서 가을의 추억을 만들기에 그만이다. 축제 기간에는 소정의 입장료를 받지만 입장권으로 축제장에서 먹거리 및 농산물 등을 구입할 때 사용할 수 있다.

| 알고 가면 더 즐겁다 |

찾아가는 길

대중교통 정읍시외버스터미널 앞에서 151-2번 버스를 타고 능교 정류장에서 내리면 구절초테마공원까지 도보로 약 25분 걸린다.

승용차 호남고속도로-태인IC에서 나와 우회전-석지로-태인 교차로에서 전주·원평 방면 좌회전-왕림 교차로에서 칠보 방면 우회전-태산로-산내 사거리에서 쌍치 방면 우회전-청정로-옥정호 구절초테마공원 입구

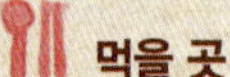
먹을 곳

정읍사공원 인근 아양촌 해물칼국수 전문점, 063-532-3828 **정읍시청 주변** 옥돌생고기 한우와 삼겹살, 돼지주물럭 등, 063-536-1020 현대옥 콩나물국밥 전문점, 063-537-5789

정읍시 산외면 동곡리는 저렴한 가격으로 한우를 먹을 수 있는 먹거리촌으로 유명한 곳이다.

잠잘 곳

정읍고속버스터미널 인근 하와이파크장 063-533-3855 코리아모텔 063-531-0693 가비송모텔 063-538-3570 포시즌모텔 063-538-2224 보보스모텔 063-538-5278

| 함께 둘러볼 곳 |

✛ 정읍사 오솔길

정읍사는 행상 나간 남편을 오매불망 기다리다 망부석이 되었다는 슬픈 사랑 이야기를 담은 백제 가요다. 이처럼 기다림의 미학이 담긴 천 년의 사랑을 토대로 하여 열린 길이 바로 정읍사 오솔길이다. 특히 부부 간의 만남을 시작으로 함께 걸어가야 하는 인생 여정의 희로애락을 세분화하여 이야기로 담아 낸 길은 부부애의 소중함을 새삼 확인하는 곳이기도 하다. 아름다운 자연과 더불어 아름답고 영원한 사랑이 깃든 곳이기에 정읍사 오솔길은 더 매력적이다.

정읍사 오솔길은 3코스로 나눠져 있다. 1코스(6.4km)는 정읍사공원을 출발해 천년고개 넘어 내장산문화광장까지 이어지는 길이다. 정읍 시내에 봉긋 솟은 월봉자락을 따라 만남의 길, 환희의 길, 고뇌의 길, 언약의 길, 실천의 길, 탄탄대로의 길, 지킴의 길 등 일곱 구간으로 구성된 숲길이다. 2코스(4.5km)는 내장산문화광장에서 출발하여 내장호수를 따라 흰 비키 돌아 다시 문화광장으로 오는 순환 형태의 호수길이다. 3코스(6.2km)는 내장산문화광장에서 정읍사공원으로 이어지는 정읍천변 둑길을 따라 걷거나 무료로 대여해 주는 자전거를 타고 올 수도 있다.

✛ 옥정호 붕어섬

정읍과 임실을 에두르는 옥정호는 1965년 섬진강댐이 건설되면서 형성된 인공 호수다. 농업용수 공급을 위한 댐이 완공되면서 많은 수몰민들이 대대로 살아온 정든 고향을 떠나야 했던 가슴 아픈 사연이 깃든 호수이다. 그러나 섬진강 물줄기가 한껏 풍성해진 몸체로 용운리를 휘감아 돌고 그 안에 동동 떠 있는 호수 속의 섬, 외앗날(일명 붕어섬) 풍경이 독특해 사진 찍기 좋아하는 사람이라면 한 번쯤 찾는 명소다.

옥정호는 물안개 피어오르는 모습이 아름답기로 유명하다. 일교차가 큰 봄·가을에 유독 물안개가 많이 발생한다. 동 틀 무렵 잔잔한 물 위로 뽀얀 물안개가 몽글몽글 피어오르고 호수를 감싸고 있는 산줄기에 걸린 운해 풍경이 일품이다. 물안개에 가려 보일 듯 말 듯 애를 태우던 붕어섬이 제 모습을 온선히 드리니면 말 그대로 금붕어 한 마리가 꼬리를 흔들며 꼬물꼬물 수면 위로 떠오른 것처럼 생동감이 돈다. 그 풍광을 오롯이 볼 수 있는 포인트는 국사봉전망대이다.

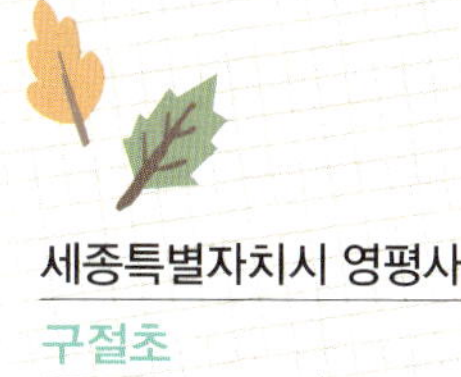

꽃으로 물든 산사의
매혹적인 정취

구절초 ●**개화 시기** 9월 하순~10월 중순 ●**특징** 국화과에 속하는 여러해살이풀로 음력 9월 9일이 되면 아홉 마디가 된다고 해서 붙여진 이름이다. 한방에서는 '선모초'로 불리며 9월에 꽃잎을 땄을 때 약효가 최고조에 이른다고 한다. 특히 아랫배가 냉한 사람이나 생리불순, 손발이 찬 사람에게 좋은 약재로 알려져 있다. ●**꽃말** 순수, 어머니의 사랑

가을이 무르익으면 산자락이나 길섶 곳곳에 피어나는 대표적인 가을꽃 중 하나가 바로 구절초다. 세종특별자치시 장군면 장군산 자락에 안겨 있는 영평사 또한 이맘 때면 흐드러지게 피어난 구절초로 뒤덮여 장관을 이룬다. 꽃으로 물든 산사의 유혹에 못 이겨 매년 수만 명의 인파가 찾아온다. 가을 초입, 알록달록한 코스모스가 주심을 흔들어 놓는다면 싶어가는 가을 끝사닥, 눈백의 구절초는 마음을 차분하게 가라앉히는 매력을 지닌 꽃이라 해도 좋다.

영평사를 둘러싼 장군산 기슭에 피어나는 꽃단지는 3만 평 정도다. 이곳의 구절초

는 자생적으로 피어난 것이 아니라 영평사 주지스님(환성스님)의 구절초 사랑에서

비롯됐다. 10여 년 전, 산등성이에 피어난 구절초의 청아하고 순수한 모습에 반해

해를 거듭하며 심고 정성껏 가꾼 결과다. 파란 가을하늘 아래 아늑한 산사와 자연,

맑은 공기 속에 스며든 풋풋한 꽃향기만으로도 정신이 맑아지는 곳이다.

영평사로 들어서는 길에도 구절초가 가득하다. 꽃길을 따라 1km 남짓 들어오면

일주문이다. 흔히 네 개의 기둥 위에 지붕을 얹은 여느 일주문과 달리 이곳은 기둥이

한 줄로 두 개뿐인 점이 독특하며 이는 일심(一心)을 상징하기 위해서라 한다. 일주

문을 지나 들어선 대웅전 앞마당도 잔디로 이루어져 있다. 특히 대웅전 왼쪽에 자리

한 삼신각의 마당에 오르면 우뚝 솟은 아미타불과 대웅전, 구절초가 신비롭게 어우러

져 있다.

영평사 구절초는 먼저 대웅전과 삼신각, 삼명선원 일대를 둘러본 후 장군산자락을 한 바퀴 돌아보면 온전히 감상할 수 있다. 대웅전 옆 장독마당을 지나 요사채를 거치면 둥그스름하고 야트막한 산길을 따라 구절초 꽃길이 이어진다. 산자락에 흩뿌려진 꽃길은 나무, 잡풀들과 어우러져 있어 자연미가 물씬 풍긴다. 호랑나비와 꿀벌들이 꽃 사이를 분주히 오간다. 특히 축제 기간, 산사 주변에는 사람들로 붐비지만 이곳까지 오르는 사람은 그리 많지 않아 호젓한 꽃길의 맛을 느낄 수 있다.

군데군데 '구절초 꽃길'이라는 팻말을 따라 500m 정도 오르면 다시 내리막길이다. 언덕을 넘어 내리막길로 접어들면 싱그러운 숲길이 펼쳐진다. 이 길을 따라 300m 내려오면 하얀 구절초밭이 모습을 드러낸다. 바람에 일렁이며 무리지어 움직이는 구절초는 언뜻 깔깔대며 웃는 어린아이의 얼굴 같다. 꽃말처럼 순수함 그 자체에 보는 이의 입가에도 절로 미소가 번진다. 꽃 속에 파묻혀 300m 더 내려오면 서서히 대웅전의 뒷모습이 드러난다. 꽃길을 걸은 후 대웅전 앞에 자리한 찻집에서 구절초차나 백련차를 마시며 음악이 흐르는 산사의 정취를 잠시 느껴보는 것도 좋다.

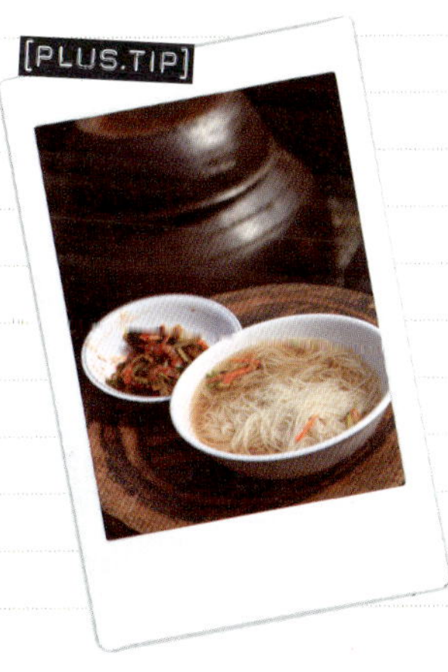

영평사 구절초축제

매년 꽃이 만개하는 9월 하순부터 10월 중순 무렵에 영평사 일원에서 열린다. 축제 기간에는 대웅전 잔디마당에서 산사음악회를 비롯해 사진전시회, 천연비누 만들기, 108배 체험, 밤줍기 체험 등 다양한 행사가 펼쳐진다. 특히 이 기간 중 조미료를 넣지 않고 죽염수로 간을 한 담백한 국수를 무료로 제공하는 점심국수공양이 인기가 높아 점심 즈음에 국수를 먹기 위해 길게 늘어선 사람들의 모습도 이색적이다.
문의 044-857-1854

산사와 어우러져 수수한 멋을
자아내는 구절초. 바라만 보아도
미소가 번진다.

| 알고 가면 더 즐겁다 |

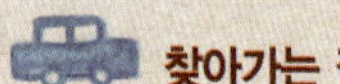

찾아가는 길

대중교통 세종고속시외버스터미널에서 영평사까지의 거리는 8km 정도지만, 버스를 두 번이나 갈아타야 하므로 택시를 이용하시는 것이 편리하다.

승용차 천안논산고속도로-북공주JC에서 당진영덕고속도로 진입-서세종IC에서 빠져나와 장군면사무소 방향-면사무소 지나자마 산학리길 우회전-5km가량 가면 영평사

먹을 곳

고미나루돌쌈밥 공주시 금성동 공산성 앞에 위치하며 청정 유기농 야채를 이용한 영양돌솥밥, 꽃쌈밥, 돌쌈밥이 별미다. **문의** 041-857-9999

도토리묵촌 공주시 관동에 있으며 국내산 도토리로 만든 전통 묵요리전문점이다. 비지장이 곁들여 나오는 도토리묵밥과 도토리떡국이 별미다. **문의** 041-856-6963

영평사 찻집 밤, 콩, 팥, 대추, 연근 등을 찹쌀과 버무려 쪄낸 연잎밥을 맛볼 수 있다.

잠잘 곳

장군면 청벽대교 인근 금강변에 위치해 전망이 좋다. **청벽비발디펜션** 044-881-7755 **청벽거북펜션** 010-5401-4564

금강수목원 인근 하늘아래금강펜션 010-5548-4518 **솔바람별빛쉼터** 044-857-6788

| 함께 둘러볼 곳 |

✛ 공산성

영평사는 세종시로 편입되기 전에는 공주시에 속했던 곳으로 인근에 있는 공주 공산성을 둘러보는 것도 좋다. 공산성은 백제 성왕(538년)이 부여로 도읍을 옮길 때까지 64년간 왕도를 지키던 대표적인 성이다. 구불구불한 성벽을 따라 조성된 산책로를 걷는 맛이 좋다. 2.5km가량의 길을 따라 성을 한 바퀴 돌아보는 데는 쉬엄쉬엄 걸어도 2시간이면 충분하다. 발밑으로 금강 줄기가 흐르고 군데군데 우거진 숲에서 새소리가 들려오는 성 안에 자리한 아담한 영은사는 가을이면 노랗게 물든 은행나무에 둘러싸인 풍경이 그림 같은 곳이다. **대중교통** 영평사 입구에서 570번 버스 탑승–장군면사무소 건너편에서 500, 550번 버스 환승–산성동구터미널 정류장에서 도보로 5분 **승용차** 영평사 입구에서 우회전–금송로에서 우회전–금강줄기 따라 오다 전막교차로에서 좌회전하여 다리 건너편 **입장료** 성인 1천2백 원, 청소년 8백 원, 어린이 6백 원 **문의** 041-840-2266

✛ 베어트리파크

세종시 전동면에 자리한 베어트리파크는 10만여 평의 공간에 각 계절의 수많은 꽃과 나무들을 모아놓은 공원이다. 꽃과 나무가 어우러진 공원은 전국 어디서나 흔히 볼 수 있지만 이곳은 독특하다. '동물이 있는 수목원'이란 주제로 다양한 볼거리가 있기 때문이다. '곰 나무 공원'이란 명칭이 상징하듯 이곳에선 국내 여느 동물원에서는 좀처럼 보기 힘든 다양한 곰 가족을 만날 수 있다. 이곳에 터를 잡고 사는 반달곰은 무려 150여 마리나 된다. 곰뿐만 아니라 꽃사슴, 공작 등이 발길을 멈추게 한다. 아울러 가을이면 억새와 은행나무 등 낭만적인 가을을 상징하는 단풍낙엽 산책길을 오붓하게 걷는 즐거움도 있다. **관람 시간** 오전 9시~오후 6시 30분(10~3월 오후 6시) **입장료** 대인 1만3천 원, 소인 8천 원 **문의** 044-866-7766

바람에 하늘거리는
외로운 억새 소리

억새 ●**개화 시기** 9월 하순~10월 하순 ●**특징** 벼과의 여러해살이풀로 높이는 1~2m 정도 된다. 가을이 되면 줄기 끝에서 부채꼴이나 산방꽃차례를 이루어 잔털 모양의 하얀 이삭이 패는데 이를 흔히 억새꽃이라 칭한다. 간혹 억새와 갈대를 혼동하는 경우도 있는데 가장 쉬운 구분법은 억새는 산이나 들, 갈대는 바닷가나 물가에 피는 것으로 보면 된다. ●**꽃말** 친절, 세력, 활력 가을빛을 잔뜩 머금은 화려한 단풍산도 좋지만 능선을 따라 흐드러지게 핀 은백색의 억새산 역시 가슴을 설레게 하긴 마찬가지다. 단풍과 함께 완연한 가을의 정취를 느끼게 해주는 게 바로 억새다. 쨍한 가을햇살 아래 은빛 파도처럼 일렁이는 새하얀 억새가 바람에 하늘거리며 서걱서걱 울어대는 소리도 별나 가을여행의 색다른 맛을 안겨준다.

강원도 정선군 남면 무릉리에 위치한 민둥산(1,118m)은 국내에서 가장 아름다운 억새밭 중 하나로 꼽힌다. 민둥산은 이름처럼 나무가 없는 민머리산이지만 가을이 무르익으면 정상이 모두 억새로 뒤덮여 가을여행객들을 유혹한다. 둥그스름한 산 능선을 타고 끝없이 펼쳐진 억새밭은 약 20만 평이다. 투명한 가을햇살을 받아 산 전체가 은빛 물결에 휩싸인 모습은 그야말로 장관이다. 특히 해질 무렵이면 민둥산에서 가장 아름다운 억새의 모습을 볼 수 있다. 하얀 억새가 불그스름한 노을빛을 받아 빚어내는 금빛 물결은 신비스럽기까지 하다.

민둥산의 억새 산행은 증산초등학교 앞에서 시작된다. 이곳에서 해발 800m 고지에 위치한 발구덕마을을 거쳐 정상에 오르는 코스는 3.3km 정도다. 발구덕마을은 카르스트 지형으로 지반이 여기저기 움푹 파인 독특한 형태를 지녔다. 여기저기 푹 꺼진 구덩이는 모두 8개로, '팔구덩'이라 부르던 이름이 언젠가부터 슬며시 '발구덕'으로 바뀌었다.

석회암층으로 덮인 정상 부근은 나무가 뿌리를 내리지 못해 어쩔 수 없이 민머리산이 되었지만 마을 초입은 소나무숲으로 덮여 있어 산행의 첫걸음을 싱그럽게 만들어준다. 이름에서 풍기듯 겉으로 보이는 민둥산은 산세가 평범하고 밋밋한 느낌

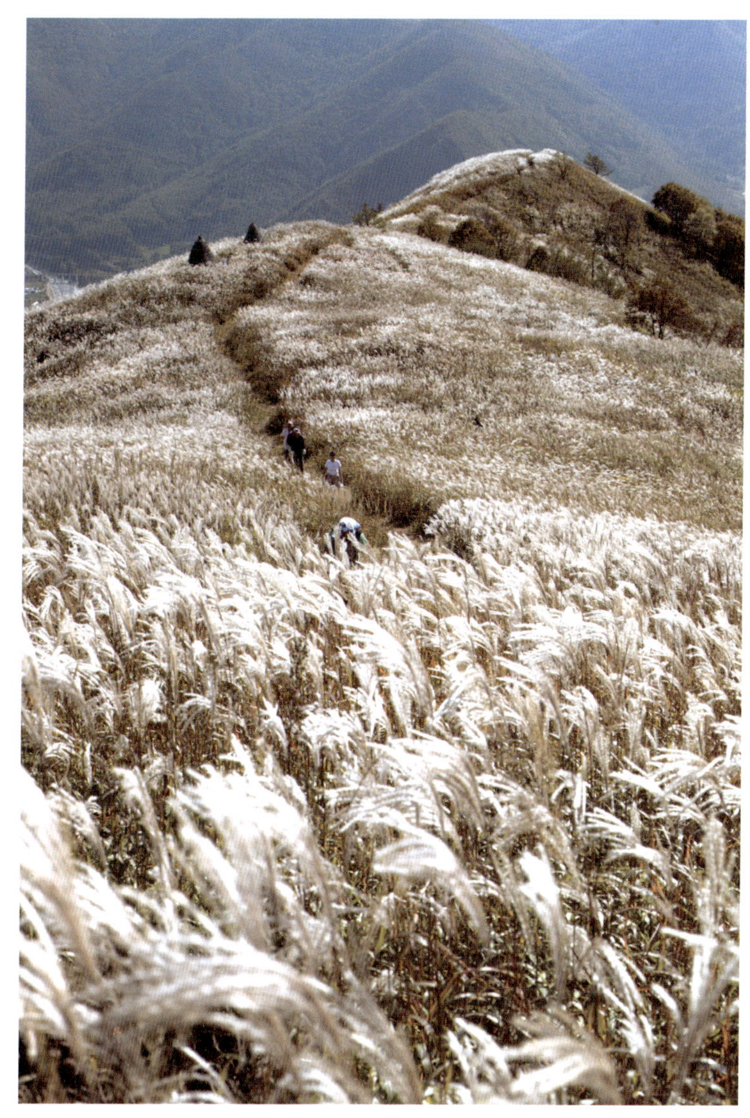

흐드러지게 핀 억새와 숨막히게 푸른 하늘,
초록 산이 최고의 아름다움을 선사한다.

해 질 녘 억새는 주황빛을 발해
아련한 그리움을
자아낸다.

이다. 그러나 산세가 부드럽다 하여 만만하게 봤다간 낭패 보기 십상이다. 막상 산길을 오르기 시작하면 숨겨졌던 가파른 경사도 많아 땀을 제법 빼야 정상에 오를 수 있다. 오르막길을 한참 오르다 보면 어느새 숨이 가빠오지만 한 시간 남짓 되어 '깔딱고개'를 넘어서면 정상 능선과 함께 억새들이 서서히 모습을 드러내기 시작한다. 8부 능선부터 정상까지 끝없이 펼쳐지는 억새밭에 오르면 증산역과 지억산, 함백산 등 고원준봉들이 한눈에 펼쳐진다. 산허리에서 바라본 밋밋한 산세와는 영판 다른 모습에 올라온 이들 모두 절로 감탄사를 내뱉는다.

민둥산 억새는 사람보다 키가 큰 데다 빽빽하게 들어차 있다. 그 사이로 한두 사람 정도 지나갈 수 있을 만큼 다져진 좁은 오솔길은 마치 곱게 가르마를 타놓은 것 같다. 눈이 내린 듯 하얗게 일렁이는 억새숲을 헤치고 다니는 이들은 많지만 사람은 보이지 않고 억새만이 춤을 춘다. 간혹 억새를 돗자리 삼아 누워 있는 젊은 연인들의 모습도 정겨워 보인다.

민둥산 억새축제

매년 9월 말에서 10월 초부터 약 한 달 동안 민둥산 억새축제가 열린다. 이 기간에는 가장행렬을 비롯해 불꽃놀이, 산신제, 등반대회, 메아리대회 등 다채로운 행사가 있고 주말마다 다양한 이벤트가 펼쳐진다. **문의** 033-591-9141

| 알고 가면 더 즐겁다 |

 찾아가는 길

대중교통 기차나 버스를 이용하여 정선에 도착하면 정선시내버스터미널에서 증산행 버스를 이용하여 증산초등학교 앞에서 내린다.

청량리역에서 정선역을 거쳐 민둥산역으로 가는 기차를 이용하면 역에서 민둥산으로 오르는 시점인 증산초등학교 앞까지 도보로 20분 정도 걸린다.

승용차 영동고속도로–만종JC–중앙고속도로–제천IC–영월 방면 38번국도–영월–정선군 남면–민둥산교 차로에서 화암, 민둥산 방면 좌회전–증산초등학교

 먹을 곳

옥산장 정선군 북면 여량읍내에 있으며 맛깔스럽게 무쳐낸 강원도 산나물과 호박부침 등 웰빙식단으로 구성된 가정식 산채백반으로 이름난 곳이다. 문의 033–562–0739

정선장터 정선읍내에 있는 장터에선 수수부꾸미와 매콤한 메밀전병, 아삭한 배추 한 잎을 얇게 부쳐내는 배추전을 비롯한 토속 음식을 맛볼 수 있다.

 잠잘 곳

민둥산역 인근 엘카지노호텔 033–591–8220 드위트리펜션 010–6320–0760

구절리역과 여량역 사이 레일바이크펜션 033–562–9889 별이내리는황토펜션 033–563–9604 물향기펜션 010–2635–8226

+ 아라리촌

조선시대 정선의 마을 모습을 재현한 곳으로 강원도의 전통가옥인 굴피집, 귀틀집, 겨릅집, 돌집, 전통기와집 등 다양한 건축 형태를 엿볼 수 있고 숙박도 가능하다. 마당 곳곳에 후기 조선시대 당시 양반의 허실을 적나라하게 풍자한 작품인 《양반전》을 형상화한 모형과 내용도 있어 하나하나 읽으며 걷는 재미도 쏠쏠하다. 마당 안쪽 조양강변에 조성된 목책 산책로도 운치 만점이다. 입장 시간 오전 9시~오후 5시 입장료 1인당 3천 원 이상의 정선군아리랑상품권을 소지해야 입장 가능 문의 033-560-3435

+ 정선 레일바이크

정선군 여량면 구절리역에서 아우라지역까지 이어지는 폐철로(7.2km)를 활용해 달린다. 구절리역을 출발하며 송천계곡을 끼고 가는 철길에서는 기암절벽의 절경을, 터널을 지나면 논밭 사이로 정겨운 농촌 풍경을 볼 수 있다. 구절리역에 차를 두고 오거나 그 풍경을 다시 음미하고 싶다면 아우라지역에서 구절리역으로 돌아가는 환승열차인 풍경열차를 이용한다. 운행 시간 3~10월 하루 5회(11~2월 4회)운행, 우천 시에도 정상 운행 탑승료 2인승 2만5천 원, 4인승 3만5천 원 문의 033-563-8787

+ 화암동굴

1922년부터 1945년까지 금을 캐던 천포광산을 개발한 테마형 동굴로 관람 코스는 약 1.8km다. 동굴 입구까지는 모노레일을 타고 간다. 동굴 안에 들어서면 천포광산 개발 당시의 모습을 재현해 놓은 '역사의 장', 365개의 가파른 계단을 내려가며 동굴의 묘미를 엿볼 수 있는 '금맥따라 365' 코너 등 볼거리가 다양하다. 입장 시간 오전 9시~오후 5시 입장료 성인 5천 원, 청소년 3천5백 원, 어린이 2천 원 모노레일 탑승료 성인 3천 원, 청소년 2천 원, 어린이 1천5백 원 문의 033-560-3410

가을산을
곱게 물들인 단풍

단풍 ● **개화 시기** 10월 중순~11월 초순 ● **특징** 단풍나무과에 속하는 쌍떡잎식물이다. 대개 나뭇잎이 푸른빛을 띠는 것은 엽록소(葉綠素)라는 녹색빛 색소를 지니고 있기 때문이고 꽃이나 열매가 붉거나 노랗게 보이는 것은 그 세포 속에 화청소(化靑素)나 화황소(化黃素) 등이 들어 있기 때문이다. 가을에 단풍이 붉게 물드는 것은 기온이 내려가면서 잎에 있던 엽록소가 분해되어 화청소가 되기 때문이고 노란 것은 화황소가 되기 때문이라고 한다. ● **꽃말** 상냥, 자제, 사양

가을이면 형형색색의 물감으로 그림을 그린 듯 어김없이 찾아오는 단풍. 10월로 접어들면 설악산 대청봉부터 단풍이 곱게 내려앉는다. 내설악 일대는 고도가 높아 단풍이 일찍 들지만 외설악은 늦은 편이다. 그래서 설악산은 10월 내내 단풍잔치가 열린다. 설악산 단풍은 기암괴석과 맑은 물이 어우러진 천불동계곡을 으뜸으로 치는 이도 있지만 단풍의 진수를 엿볼 수 있는 또 다른 곳이 바로 주전골이다. 주전골 탐방로는 경사가 완만해 노약자도 쉽게 오를 수 있다는 게 장점이다.

설악산국립공원 내 점봉산 기슭에 뻗은 주전골은 조선시대 때 도적들이 위조 엽

붉은 단풍이 있어 주전골의 가을은 더욱 아름답다.

전을 주조하던 곳이라 해서 붙여진 이름이다. 한계령 넘어 내설악 산자락에 폭 파묻힌 주전골은 환상적인 계곡 트래킹 코스로 꼽힌다. 오색약수터에서 시작하는 산행 코스는 가을이면 오색단풍으로 물들어 이름 그대로 오색의 향연이 펼쳐진다.

오색온천단지 입구에서 오색약수터를 지나 평탄한 길을 따라 15분쯤 가면 성국사가 나온다. 이곳에서부터 계곡 양쪽으로 기암절벽이 펼쳐지며 절벽에 매달린 단풍이 계곡의 맑은 물에 어려 기묘한 색의 물빛을 만들어낸다. 계류와 단풍이 어우러진 풍광 중 백미인 곳은 선녀탕 일대로 옥빛 물을 가득 담은 널찍한 소가 아름답다.

선녀탕을 지나 아기자기한 계곡을 따라 1시간 정도 걷다보면 갈림길이 나온다. 우측으로 가면 아담한 용소폭포가 보이고 앞으로 보이는 갈림길에서 왼쪽 계곡을 따라 올라가면 십이폭포, 십이담, 만물상 등이 이어진다. 오색약수터를 출발, 쉬엄쉬엄 구경하며 이곳까지 온 뒤 다시 오색약수터로 돌아오기까지 3시간이면 충분하다.

주전골 위쪽으로는 아름다운 비경을 품은 흘림골이 이어진다. 흘림골은 한계령 자락에서 오르는 것이 더 좋다. 한계령 정상에서 양양 방향으로 5km 정도 내려오면 오른편으로 입구가 있다. 이곳에서 등선대를 거쳐 주전골로 내려와 오색약수터까지 이르는 길은 약 6km다. 구간마다 특성을 달리하며 꼭꼭 감추어 두었던 비경이 고스란히 드러나 한참을 걸어도 전혀 지루함이 없는 코스다.

난풍으로 곱게 물든 울창한 숲길을 오르다 첫 번째로 만나는 비경은 여심(女深)폭포다. 30m 높이의 절벽을 타고 내려오는 폭포의 모양새가 이름처럼 여자의 음부를 꼭 닮아 처음 보면 민망할 정도다. 여기서 1km쯤 올라가면 등선대가 나온다. 이곳에서 내려다보면 삐죽삐죽 튀어나온 칼바위를 비롯해 거북바위 등 기묘한 형상의 바위들이 줄줄이 펼쳐져 주전골에서 등선대를 바라보는 풍경을 '만물상'이라고 부른다.

| 알고 가면 더 즐겁다 |

 **찾아가는 길**

대중교통 동서울터미널에서 오색리행 버스를 타거나 고속버스, 시외버스를 이용해 양양버스터미널에 도착하면 오색리행 버스가 운행된다. 오색리에서 주전골까지는 도보로 5분 거리다.

승용차 서울–홍천–인제(44번 국도)–원통–한계령–오색그린야드호텔–주전골 입구

 **먹을 곳**

'설악산을 둘러보고 양양에서 송이 맛을 본 뒤 가을을 논하라'는 말이 있을 정도로 양양의 송이는 10월 송이가 향이 가장 짙고 아삭아삭 씹히는 질감도 최상이다. 화강암 토질에 적송림이 발달해 송이가 자라는 데 최적의 환경을 갖춘 양양 송이는 수분 함량이 적어 육질이 단단하고 향이 풍부한 것이 특징이다. 송이의 고장 양양을 대표하는 송이요리전문점도 있다.

양양읍내 송이버섯마을 033–672–3145
양양군 손양면 송이골 033–672–8040

 **잠잘 곳**

주전골 입구 오색그린야드호텔 호텔과 콘도식 숙소를 모두 갖추고 있다. 033–670–1000

낙산해수욕장 주변 낙산비치호텔 033–672–4000 프레야낙산콘도 033–672–5000 초록바다펜션 033–671–0463, www.pensiongreen.com 설악바다나무로펜션 033–672–0608, www.namuropension.com

이용 안내

문의 국립공원 설악산 오색분소 033–672–2883

| 함께 둘러볼 곳 |

✛ 오색온천단지

주전골 단풍 여행에서는 산행 후 바로 온천을 즐길 수 있다. 주전골 입구에 자리한 오색온천단지는 알칼리 온천수가 풍부해 어느 숙박업소를 가더라도 천연 온천욕을 즐길 수 있다. 특히 오색그린야드호텔에서는 자체적으로 개발한 저온 탄산천을 통해 뜨끈한 온천과 시원한 냉천욕을 동시에 맛볼 수 있다. 탄산천은 사이다처럼 톡톡 쏘는 수포가 피부를 자극하여 부드럽게 해준다고 해서 여성들에게는 '미인의 탕'으로 통한다. 발목까지 찰랑거리는 냉천수에 자갈을 깔아둔 '자갈탕'도 있어 계곡 길을 걸어 피곤해진 발을 풀기에 제격이다. **이용 시간** 오전 6시~오후 10시(금~토요일은 밤 12시까지) **문의** 033-670-1000

✛ 휴휴암

양양군 현남면 굉진리 바닷가에 바짝 붙어 있는 휴휴암은 바다 위에 자연적으로 형성된 관세음보살 모양의 바위가 누워 있는 모습이 독특한 곳이다. 1997년 자그마한 법당 하나로 창건된 당시 바닷가에 누워 있는 부처 형상의 바위가 발견된 이후 2002년 세상에 공개되면서 양양의 새로운 명소로 떠올랐다. 우리나라에서 유일하게 굴속에 차려진 '굴법당'도 독특하지만 바닷가에 운동장처럼 넓게 펼쳐진 바위도 이색적이다. 이 바위에 서면 오른쪽 해변에 기다랗게 누워 있는 바위기 바로 관음보살상이다. 그 앞에는 관음보살상을 향해 기도하는 형상의 거북바위도 있고 여의주처럼 동그란 바위, 발가락 모양이 뚜렷한 발가락 바위도 있다.

노랗게 물든
산책로를 걷는 낭만

은행나무 ●**개화 시기** 10월 하순~11월 중순 ●**특징** 은행나무과에 속하며 살구를 닮은 열매에 흰빛이 돈다고 하여 은행(銀杏)이라는 이름이 붙었다. 잎의 모양이 오리발을 닮았다 하여 '압각수'라고도 한다. 환경오염에 강해 도시의 가로수로 많이 심으며 재생력이 강하고 화재에도 잘 견디는 특성이 있어 오래 사는 나무로도 유명하다. 신라의 마의태자가 심었다고 전해지는 경기도 용문사의 은행나무(천연기념물 제30호)는 동양에서 가장 크고 오래된 은행나무로 알려져 있다. ●**꽃말** 장수, 장엄함 ●**은행나무 이야기** 경칩은 24절기 중 겨울잠을 자던 동물이 땅속에서 깨어 꿈틀거리기 시작한다. 옛 문헌《사시찬요》에 의하면 봄이 오는 길목에는 사람에게도 춘정이 인다 하여 부부는 대보름날 은행을 구해 두었다가 경칩날 서로의 사랑을 확인하는 징표로 은밀히 은행을 나누어 먹었다고 하며 처녀 총각들은 날이 어두워지면 동구 밖에 있는 수나무, 암나무를 도는 것으로 사랑을 증명하고 정을 다졌다고 전해온다. 이는 수나무와 암나무가 따로 있는 은행나무처럼 서로 바라보며 사랑을 싹틔우고 열매를 맺는 사랑을 의미했음을 알 수 있다.

●　　　　　은행나무는 단풍나무에 비해 다소 느지막하게 물들기 시작한다. 단풍이 세상을 빨갛게 칠해놓고 물러서면 기다렸다는 듯이 은행잎이 노란색으로 덧칠한다. 그즈음 남이섬으로의 여행이 제격이다. 북한강의 잔잔한 수면 위에 떠 있는 남이섬은 70~80년대 대학생들의 단합대회 장소 0순위로 꼽히는 곳이었다. 당시 남

이섬은 그저 넓은 잔디밭과 방갈로 몇 채만 달랑 놓여 있을 뿐, 딱히 즐길 만한 것이 없는 썰렁한 섬이었다. 하지만 지금의 남이섬은 그 얼굴이 확 달라졌다. 드라마 〈겨울연가〉의 성공으로 일본, 중국, 대만 등 아시아권 관광객이 급증하면서 문화관광지로 탈바꿈해 생태관광지로 각광받고 있다.

남이섬 곳곳에서 굴러다니던 나무토막들은 다양한 얼굴의 장승으로 다시 태어났다. 또 사진을 찍다 보면 늘 '찬조 출연'하던 전봇대와 전깃줄은 모두 시야 방해죄(?)로 추방되거나 땅속에 갇히고 말았다. 반면 자연의 섬을 만들기 위해 우리에 갇힌 동물들은 섬 안에 죄다 풀어놓았다. 아닌 게 아니라 남이섬을 거닐다보면 빨간 눈의 토끼, 오리, 거위, 타조를 비롯해 어쩌다 나타나는 숲의 귀족 사슴까지 곳곳에서 자유롭게 다니는 동물들의 모습을 볼 수 있다. 그동안 '생태계의 말썽꾸러기'로 지목되어 해마다 체포됐던 청설모도 면죄부를 얻어 남이섬의 귀염둥이로 제 역할을 톡톡히 해내고 있다.

남이섬은 언제 어느 때 와도 맛깔스러운 분위기가 난다. 1년 12달, 24시간마다 얼굴이 다르다. 파릇파릇 잔디가 고개를 내밀기 시작하는 봄, 낙엽이 쌓이는 가을과 눈으로 덮인 겨울이 다르고 새벽 물안개 필 때, 저녁에 지는 노을, 별밤, 달밤의 풍경이 모두 다르다.

남이섬 안의 길들은 어디든 나름대로 운치를 지니고 있다. 남이섬에 도착하면 가장 먼저 반기는 것이 바로 전나무숲길이다. 400m 정도 이어지며 하늘을 찌를 듯 곧게 뻗어 오른 모습이 언제 봐도 당당하다. 전나무숲길 오른쪽 잔디밭 주변으로 펼쳐진 단풍나무들은 가을이면 수줍은 듯 발그스름한 얼굴로 손님을 맞이한다. 단풍에 이어 유난히 노랗게 물드는 은행나무숲길은 전나무길이 끝나는 지점에서 길게 이어진다. 한껏 물든 은행잎이 바람에 우수수 흩날리는 모습은 가히 환상적이다. 이곳은 떨어진 낙엽 하나라도 절대 쓸어버리는 법이 없다. 그 자체만으로도 아름다운 그림이 되기 때문이다. 곱게 내려앉은 은행잎이 산책로를 노랗게 덮어 걷기가 미안할 정도다.

은행나무길 오른쪽으로는 드라마 〈겨울연가〉로 유명해진 메타세쿼이아숲길이 있다. 웅장하게 치솟은 나무들이 이국적인 분위기로 다가온다. 가을날, 그 멋진 길들을 요리조리 걸어가며 섬을 돌아보는 맛이 그만이다. 그렇게 산책하다 녹색가게 체험공방(031-581-0321, 사전예약 필수)에서 의미 있는 작품을 만들어보는 것도 좋다. 쓰레기로 몸살을 앓던 과거 유원지 시절의 남이섬을 되돌아보며 자연생태를 보존하기 위해 애쓰는 이곳에서는 잡초는 화초로, 술병은 꽃병으로 다시 태어난다. 들풀은 풀빛을 닮은 종이가 되고, 부러진 나뭇가지는 예쁜 펜던트가 되며, 떨어진 열매들은 손수건을 곱게 물들이는 물감이 되고 자투리 천은 귀여운 부엉이 핸드폰 고리가 된다. 남이섬에서 빼놓을 수 없는 또 다른 즐거움은 자전거 타기다. 각자 타도 좋고 아이와 함께 2인용 자전거를 타고 함께 페달을 밟으며 강변을 따라 도는 맛이 색다르다.

| 알고 가면 더 즐겁다 |

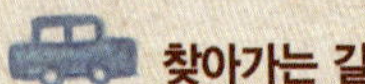 ### 찾아가는 길

대중교통 경춘선 전철을 타고 가평역에서 내리면 남이섬행 가평 선착장까지 도보로 20분 정도 걸린다. 선착장에서 남이섬까지는 배로 5분 정도 걸린다. 남이섬행 배는 오전 7시 30분부터 오후 9시 20분까지 20~30분 간격으로 운행된다.

서울에서는 탑골공원 앞, 남대문시장 앞 숭례문 광장에서 남이섬 직행버스가 매일 오전 9시 30분에 운행된다. 버스예약 문의 02-753-1247

승용차 서울-46번 국도-대성리-청평-가평터미널로 들어가는 길목 못 미쳐 오른쪽에 있는 SK경춘주유소 지나자마자 우회전-이정표 따라 2.4km 들어가면 남이섬 선착장

먹을 곳

남이섬 안에 추억이 묻어나는 음식점이 여러 곳 있다.

남문 031-580-8055 섬향기 031-581-2189 도시락집연가 031-582-2550 디마떼오 031-582-8822 아시안패밀리레스토랑 031-580-8099 고목 031-582-4443

잠잘 곳

선운사 입구에 숙박시설이 여러 곳 있다.

선운산유스호스텔 063-561-3333 선운산관광호텔 063-561-3377 동백호텔 063-562-1560 도솔펜션 063-564-4421

 ### 이용 안내

위치 강원도 춘천시 남산면 방하리 198번지 **홈페이지** www.namisum.com **자전거 대여료** 1인용: 30분 3천 원, 1시간 5천 원 / 2인용: 30분 6천 원, 1시간 1만 원 **남이섬 입장료** 성인 1만 원, 청소년 8천 원, 어린이 4천 원(배삯 포함)

문의 031-580-8114

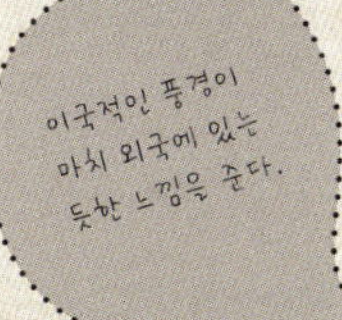

| 함께 둘러볼 곳 |

+ 쁘띠 프랑스

경기도 가평군 청평면 고성리에 자리한 쁘띠 프랑스는 '작은 프랑스'라는
의미다. 청평호가 내려다보이는 언덕배기에 앙증맞은 건물 30여 채가 오
밀조밀 모여 있는 모습은 말 그대로 프랑스 시골마을을 옮겨놓은 듯 이
국적인 정취가 한껏 풍긴다. 아담한 규모지만 안에 들어서면 《어린왕자》
의 작가 생텍쥐페리의 인생을 살펴볼 수 있는 기념관과 건물은 물론 가
구와 생활용품까지 갖춰져 있다. 150년 된 프랑스의 고택을 그대로 옮겨
놓은 프랑스 전통주택전시관, 100년 이상 된 프랑스 전통 오르골의 음악
을 감상할 수 있는 오르골 하우스, 프랑스 전통의상 체험관, 어린왕자 뮤
지컬과 재즈공연이 열리는 다목적 홀, 벽도 창문도 모두 꽃그림으로 장식
된 다락방 느낌의 꽃방 등이 들어서 있어 찬찬히 둘러보면 요모조모 볼
거리가 많다. 동화 《어린 왕자》를 주제로 조성된 이곳은 특히 드라마 〈베
토벤 바이러스〉 촬영지로 입소문을 타면서 찾는 발걸음이 부쩍 늘었고
극 중 강마에의 집무실로 등장했던 공간은 이곳을 찾는 이들의 필수 코
스가 되었다. 은은하게 울려 퍼지는 상송을 들으며 곳곳에 자리한 《어린
왕자》의 주옥 같은 글귀를 음미하는 재미도 그만이다. **입장료** 성인 8천 원,
어린이 5천 원 **문의** 031-584-8200

들판을 가득 채운
수수한 국화 향기

국화 ●**개화 시기** 10월 중순~11월 중순 ●**특징** 국화과의 여러해살이풀로 동양의 관상용 식물 중 가
장 오래된 종으로 전해진다. 예부터 군자의 덕망을 갖춘 꽃으로 여겨 시인, 묵객들의 작품 소재가
되었다. 아울러 국화는 몸의 피로를 푸는 데 효과가 있어 차를 만들어 마시기도 하고 말린 국화꽃
을 배갯속에 넣으면 두통에 효험이 있다고 한다. ●**꽃말** 고상함, 밝음

해마다 봄이면 나비축제로 이름난 함평의 가을은 국화가 그 명성을
이어간다. 가을이 절정으로 치달을 즈음 함평의 너른 들판은 형형색색으로 피어난
국화로 온통 꽃 천지가 된다. 들판 한복판으로 스며든 그윽한 국화 향기 속에 함평의
가을은 점점 깊어간다. 이즈음 함평에서 엑스포공원을 중심으로 국화축제를 연다.

가을이면 전국적으로 크고 작은 국화축제가 곳곳에서 열리지만 규모나 전시 내용
면에서 단연 함평이 으뜸이라 해도 과언이 아니다. 함평엑스포공원을 가득 메운 국
화밭은 자그마치 159만㎡(50만 평)나 된다. 국화꽃송이만 해도 100억 송이가 넘는
다. 워낙 넓다보니 공원 안에 들어서면 어디부터 발걸음을 옮겨야 할지 난감할 정도

다. 관람 동선이 짜여 있으나 간간히 벗어나게 되는 경우도 있다.

함평엑스포공원에 들어서면 대개 입구 왼쪽에 자리한 다육식물원부터 들르게 된다. 널찍한 유리온실 안에서 손톱만한 선인장부터 아프리카 지역에서 볼 수 있는 큼직한 선인장까지 독특한 선인장의 모습을 엿볼 수 있다. 이 안에는 다양한 종류의 허브와 향기 나는 열매들만 모아 아치형으로 꾸민 향기터널도 있다. 터널을 지나다보면 그야말로 향기가 폴폴 피어나 절로 기분이 좋아진다. 다육식물원 옆에는 국화와 코스모스, 감귤 등 다양한 식물들로 꾸며진 종합식물원이 있고 폭포수가 흐르는 인공동굴을 지나 이어지는 벌 관찰로도 흥미롭다. 투명한 플라스틱 재질로 둘러싸인 내부를 들여다보면 나무에 다닥다닥 붙어 있는 벌들의 모습이 여느 곳에서는 좀처럼 볼 수 없는 풍경이다.

좀더 안쪽으로 들어가면 국화로 다시 우뚝 솟은 숭례문이 나온다. 2008년 축제 당시, 화재로 스러진 숭례문을 국화로 복원해 화제를 모은 이후 매년 함평국화축제에서 스포트라이트를 받는 조형물이다. 국화로 장식된 숭례문은 가로 14m, 폭 6m, 높이 8m로 실제 크기의 2분의 1 규모다. 숭례문을 사이에 두고 길이 160m, 높이 3m 규모의 국화 성벽까지 조성해 화려함을 더한다.

숭례문을 지나 관람 동선을 따라 걷다보면 에펠탑과 첨성대, 피사의 사탑, 피라미드를 비롯해 하트 모양의 백조 등 국화로 만든 다양한 조형물들이 곳곳에 들어서 있다. 아울러 공원 한복판, 바닥분수 앞 연못가에는 국화로 만든 펭귄가족을 비롯해 무당벌레, 사슴벌레, 나비, 여치, 딱정벌레 등 곤충모형물과 독특한 나무조형물도 눈길을 끈다. 희망나무라 이름 붙은 거대한 인공나무에 피어난 한 무리의 꽃은 희망을 피

국화 사이에서 다양한 조형물과 연못을 거닐며
여유로운 한 때를 보낼 수 있다.

우는 형상을 표현한 것으로, 바쁜 삶에 지친 사람들에게 새로운 희망을 불어넣어주기 위해 만든 것이다.

이곳을 지나 제방둑 위로 올라서면 본격적으로 축제의 하이라이트인 풍경을 마주하게 된다. 제방 밑 너른 들판에 가득 피어난 국화밭은 인위적으로 꾸며진 것이 아닌 색색의 국화들이 뒤섞여 자연스럽게 피어난 형국이다. 마치 알록달록 꽃무늬 천을 들판에 펼쳐놓은 듯한 모습이다. 언뜻 가을이 아닌 화사한 봄을 연상케 하는, 이색적인 풍경의 국화밭 산책로를 따라 요리조리 걷다보면 색에 매혹되고 향기에 취하게 된다.

국화 밭을 지나면 넓은 들판에 습지공원이 조성되어 있다. 알록달록한 국화밭과 달리 갈대와 빛바랜 초목들로 우거진 습지공원 일대는 모노톤의 너른 들판으로 그윽한 늦가을의 정취가 물씬 풍긴다. 스산하고 황량한 듯하면서도 이국적인 풍경이다. 습지공원 내 노란 코스모스가 한가득 피어난 수변공원에는 산뜻하게 단장된 관찰로가 연결되어 있어 천천히 걸으며 깊어가는 가을의 맛을 음미하기에 그만이다.

함평 국향대전

매년 10월 하순경부터 약 한 달간 열린다. 축제 기간에는 국화로 가득한 넓은 들판을 거닐며 국화 향에 흠뻑 취할 수 있음은 물론 국화로 꾸며진 다양한 조형물들이 전시된다. 아울러 국화차 만들기 및 시음. 고구마와 밤 구워먹기, 콩 볶아먹기 등 추억의 먹을거리 체험에서 수수깡 장난감 만들기, 국화 따기, 떡 메치기. 천연 염색에 이르기까지 다양한 체험행사가 펼쳐진다. 먹을거리 장터에서는 국화주, 국화떡, 국화빵은 물론 함평천지 한우 생고기와 육회비빔밥 등을 맛볼 수 있다. **문의** 함평군청 문화관광과 061-320-3364

| 알고 가면 더 즐겁다 |

 **잠잘 곳**

함평읍내 뉴상젤리제호텔 061-323-1200 **모아모텔** 061-324-2266

함평돌머리해수욕장 인근 솔향기한옥펜션 010-4553-7616

돌머리해안민박 061-322-9619 **기쁨이가득한곳펜션** 061-323-4856

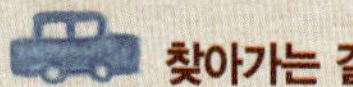 ### 찾아가는 길

대중교통 시외버스를 이용하여 함평에 도착하면 함평 공용터미널에서 엑스포공원까지 도보로 10분 거리다.

승용차 서해안고속도로-함평IC에서 빠져나와 함평읍 방향으로 좌회전-23번 국도-함평읍내-함평엑스포공원

먹을 곳

함평읍내에 함평 한우를 이용한 육회비빔밥을 전문으로 하는 식당을 비롯해 여러 음식점이 있다.

남매식당 061-322-2430 **전주식당** 061-322-2342

함평은 선짓국비빔밥이 유명하다. 푸짐한 선지와 선지 국물에 아삭한 콩나물, 한우육회, 김가루, 애호박, 계란노른자와 고추장, 양념장으로 비벼먹는 맛이 별미로 함평읍내 시장 안 음식점 등에서 맛볼 수 있다.

| 함께 둘러볼 곳 |

✚ 함평자연생태공원

함평군 대동면 운교리에 위치한 생태공원으로 타이어로 만든 호랑나비 애벌레와 개미들이 기어오르는 소나무 등 진입로에서부터 공원 안 곳곳에 기발하고 독특한 조형물이 자리잡고 있다. 공원 안에 들어서면 무당벌레 모형으로 만든 곤충야외학습장을 비롯해 거대한 나무뿌리 형상을 한 입구가 독특한 유리온실인 아열대식물관, 자생란관, 자연생태과학관, 미니동물원, 반달가슴곰 관찰원, 놀이공원, 어린이 드라마 촬영지인 호수 속의 작은 섬, 수변산책로, 무궁화동산관찰로, 미로 체험장 등 다양한 시설이 갖춰져 있다. 관람 시간 오전 9시~오후 6시(11~3월 오후 5시) 관람료 성인 5천 원(11~3월 3천 원), 어린이 2천 원(11~3월 1천 원) 문의 061-320-2851

✚ 돌머리해수욕장

돌머리해수욕장은 해질 무렵 함평만을 붉게 물들이는 낙조경관이 뛰어나 함평팔경 중 하나로 꼽히는 곳으로 겨울에도 해넘이를 보기 위해 찾는 사람들이 많다. 돌머리(석두, 石頭)는 서해안에 맞닿은 육지의 끝이 바위로 되어 있다고 해서 붙여진 이름이다. 이름처럼 돌머리해수욕장에 가면 기묘한 갯바위들이 울퉁불퉁 솟아 있는 모습을 볼 수 있다. 아울러 해변가에 바닷물을 채워 만든 인공해수풀장과 아름드리 소나무들이 어우러진 숲 곳곳에 초가 형태의 쉼터가 들어서 있다. 이곳에서는 매년 11월부터 3월 말까지 썰물 때 돌머리마을 아낙네들이 석화를 따는 모습을 볼 수 있다. 청정해역으로 알려진 이곳에서 채취된 굴은 신선도가 높고 영양분이 풍부해 채취하자마자 그 자리에서 사가려고 찾는 발걸음도 많다. 인근에 유황 성분이 함유된 해안의 돌을 불에 달구어 바닷물 속에 넣고 찜질을 하는 함평해수찜이 있다.

PART 04

겨울

그래도 꽃은 피어 있다

겨울산에 펼쳐진 은빛 물결

눈꽃 ●볼 수 있는 시기 12월~2월 ●특징 나뭇가지 따위에 눈이 엉겨 붙어 마치 하얀 꽃이 핀 것처럼 보이는 것을 눈꽃이라 부른다. 흔히 서리꽃이라고도 하지만 엄밀히 따지면 서리꽃은 유리창 따위에 서린 김이 얼어서 꽃처럼 엉긴 무늬 등을 말한다. 하지만 눈에서 비롯된 습기가 얼어붙는 현상과 맞물리므로 딱히 구분하기는 어렵다. 아울러 상고대는 눈이 오지 않더라도 습기를 머금은 구름과 안개가 급격한 추위로 나무에 엉겨 붙어 꽃처럼 피어난 것으로, 주로 해발 1,000m 이상 고지대에서 많이 나타나는 현상이다.

겨울 하면 아무래도 눈이 가장 먼저 떠오른다. 밤새 내린 눈이 소복하게 쌓여 온 세상을 하얗게 물들인 모습에 추운 날씨임에도 마치 보송보송한 솜이불을 덮은 양 마음까지 포근해진다. 그러나 요즘처럼 공해에 찌든 도심에서는 순백의 아름다움을 제대로 느낄 수 없는 게 아쉽다. 그렇다면 덕유산 정상을 올라보는 것은 어떨까?

덕이 많고 너그러운 모산이라 하여 이름 붙은 덕유산은 전라북도 무주군 안성면·설천면과 경상남도 거창군에 걸쳐 있는 산으로 주봉우리인 향적봉(1,614m)을 중심으로 대봉, 중봉, 삿갓봉 등 해발고도 1,300m 안팎의 봉우리들이 줄지어 솟아 있어 장관을 이룬다.

덕유산은 특히 겨우내 상고대가 피어 있어 눈이 오지 않더라도 때 묻지 않은 순백의 미를 언제든지 감상할 수 있다. 상고대는 습기를 머금은 구름과 안개가 급격한 추위로 나무에 엉겨 붙은 것으로 해발 1,000m 이상 고지에서 영하 6도 이하, 습도 90% 이상일 때 주로 피는 서리꽃이다. 밑으로 금강 줄기가 흐르는 덕유산은 이 모든 조건을 갖추고 있으며 겨울이면 다른 곳에 비해 유난히 눈도 많이 내린다.

그러나 그 풍경이 아름답다지만 눈길을 헤치며 1,600m가 넘는 덕유산 정상을 오르는 일은 쉽지 않다. 물론 다리품을 팔아 정상을 오르는 맛이 제격이겠지만 무주리조트 안에서 곤돌라를 타고 오르는 방법도 있다. 힘들여 걷는 것과 달리 겨울산의 하얀 속살을 여유 있게 감상하며 올라가는 맛이 이채롭다.

곤돌라를 타고 오르는 길은 향적봉 바로 밑에 있는 설천봉(1,530m)까지다. 특히 덕유산 중턱에 눈구름이 깔린 날에는 곤돌라를 타고 가는 맛이 더욱 독특하다. 희뿌연 구름 속에서 눈꽃이 활짝 핀 나무들이 바람에 흔들리는 모양새는 나무라기보다 새하얀 산호초 같다. 그뿐이랴. 땅에 발을 딛고 걷다보면 나무를 올려다 볼 수밖에 없지만 곤돌라를 타고 가면 나무의 머리 꼭대기가 그대로 보이는 색다른 모습이 드

눈구름과 안개가 자욱한 덕유산에 오르면
누구나 자연과 하나된 나 자신을 만날 수 있다.

러난다. 때문에 같은 산이어도 걸어서 올라가는 느낌과는 사뭇 다르다.

눈구름과 안개가 자욱하게 낀 날에는 곤돌라를 타고 올라가서 맛볼 수 있는 장관이 또 있다. 곤돌라 승강장 밖으로 걸음을 내딛는 순간 온천지가 구름에 덮여 몇 걸음 앞도 보이지 않는 모습은 말로 형용할 수가 없을 정도다. 구름을 뚫고 걷다가 어렴풋이 전망대가 보일 즈음에는 별세계에 온 것 같은 착각이 들 정도다.

설천봉에서 내려 향적봉까지 오르는 데 쉬엄쉬엄 걸어 20분 정도 걸린다. 무엇보다 자연의 손길이 섬세하게 빚어낸 눈꽃 터널 사이로 걷는 맛이 그만이다. 눈꽃 감상을 하며 향적봉 정상에 오르면 지리산 천왕봉과 반야봉을 비롯해 속리산 줄기까지 겹겹이 펼쳐진 능선이 한눈에 들어와 가슴이 탁 트인다.

덕유산 정상의 진수를 맛본 후 내려오는 방법도 마찬가지다. 걷는 것을 유난히 싫어하는 사람이라면 다시 곤돌라를 타고 내려와도 되지만 하산길만큼은 가급적 걸어오는 것이 어떨까. 향적봉에서 구천동까지 내려오는 데 3시간 정도 걸린다. 향적봉에서 바로 백련사를 통해 무주구천동으로 내려와도 좋고 중봉을 거쳐 완만한 능선을 타고 내려오며 키 작은 나무의 눈꽃을 감상하는 맛도 좋다.

| 알고 가면 더 즐겁다 |

찾아가는 길

대중교통 서울 남부시외버스터미널, 대전 동부터미널에서 버스를 타고 무주로 오면 무주읍과 설천면에서 덕유산리조트까지 무료 셔틀버스를 이용할 수 있다. 셔틀버스 문의 063-320-7113

승용차 경부고속도로-대전~통영 고속도로-무주IC를 빠져나와 좌회전-적상면삼거리에서 좌회전-사산삼거리에서 좌회전-치목터널-구천동 터널을 지나면 무주리조트

먹을 곳

무주리조트 입구에 음식점이 여러 곳 있다.

덕유산회관 깔끔하면서도 깊은 맛을 자랑하는 20여 년 전통의 음식점이다. 더덕구이, 삼합, 표고전, 도토리묵, 북어찜, 된장찌개, 계란찜, 고등어조림, 두부조림 등 다양한 음식이 푸짐하게 나와 골라 먹는 재미가 일품인

덕유산정식이 인기가 많다. 고추장돼지불고기, 능이버섯백숙도 별미다. 문의 063-322-3780

예촌본가 한상 가득히 나오는 예촌정식, 버섯전골과 토종흑돼지삼겹살을 판매한다. 문의 063-322-5665

생두부촌 두부전골, 한방두부보쌈, 순두부, 비지찌개가 별미이다. 문의 063-322-7771

잠잘 곳

덕유산리조트 입구에 펜션들도 많다.

덕유산 리조트 산악 지형과 잘 어우러진 오스트리아풍의 대규모 숙박시설이다. 문의 063-322-9000

이용 안내

덕유산국립공원 홈페이지 deogyu.knps.or.kr **곤돌라 운행시간** 오전 9시~오후 4시(주말, 시즌에 따라 운행 시간 다소 변경됨) **이용료** 어른 1만5천 원, 어린이 1만1천 원(왕복), 어른 1만1천 원, 어린이 7천7백 원(편도) **문의** 063-320-7381

| 함께 둘러볼 곳 |

+ 백련사

향적봉에서 백련사를 거쳐 구천동계곡으로 내려오면 겨울산의 묘미를 만끽할 수 있다. 덕유산 구천동 계곡 상류에 자리한 백련사는 구천동 골짜기에 있는 유일한 사찰로 신라 흥덕왕 5년(830년)에 창건되었다. 덕유산 정상을 오르는 등산객들의 휴식처로 이름난 이곳은 주변 경치가 멋스럽다. 백련사 입구의 아치형 다리를 건너 일주문을 지나면 백팔번뇌를 상징하는 108개의 석조계단이 가지런히 뻗어 있다. 계단을 올라서면 넓은 마당에 대웅전을 비롯해 크고 작은 건물들이 자리하고 있는데 이곳에 들어서면 누구나 마음이 편안해진다. 문의 063-322-3395

+ 무주구천동계곡

덕유산 안에는 8군데의 계곡이 있다. 이 중 북동쪽 무주와 무풍 사이를 흘러 금강의 지류인 남대천으로 흘러드는 길이 30km인 무주구천동은 전국적으로 널리 알려진 명소다. 9000굽이를 헤아린다는 계곡 안에는 구천동 33경이 살포시 들어앉아 아기자기한 모습을 연출한다. 옛날 노송들이 많아 수백 마리의 학들이 서식하던 곳으로 첩첩 기암과 푸르른 노송이 어우러진 학소대, 구천계곡을 누비며 흐르다 잠시 멈춘 맑은 물에 자락을 드리운 늦은 봄의 철쭉과 가을의 붉은 단풍이 장관을 이루는 함벽소, 깊고 푸른 물 가운데 우뚝 솟은 기암에 비치는 가을 달빛이 유독 아름다운 추월담, 형형색색 무늬의 암반 위로 떨어지는 폭포수가 아름다운 구월담 등이 특히 볼만하다.

자연이 만든
화사함 속 거닐기

사계절 내내 파릇파릇한 식물을 본다는 건 쉽지 않다. 하지만 충남 아산시 도고면 봉농리에 위치한 세계꽃식물원에 가면 봄, 여름, 가을은 물론 한겨울에도 화사한 꽃을 마음껏 볼 수 있다. 계절에 관계없이 각국의 꽃들이 계속해서 피고 지는 이곳에서는 1년 내내 다양한 테마의 꽃 축제가 열린다. 특히 꽃을 보기 힘든 겨울철에 행해지는 꽃축제는 그 희귀성으로 인해 더욱 화사해 보인다.

겨울축제의 주인공은 대체로 국화와 백합, 포인세티아 등이다. 이 기간에는 지름이 40cm나 되는 향천조를 비롯해 수십 종의 대국(꽃 지름이 18cm 이상인 국화) 등 평소 보기 힘든 탐스러운 국화를 볼 수 있다. 또한 어린이들을 위한 국화미로정원도 만들어 식물원을 돌아보는 재미를 더한다. 반면 2m가 넘는 훤칠한 키에 쭉쭉 뻗은 늘씬한 줄기, 그 위에 탐스럽게 핀 백합은 방문객을 반갑게 맞이하는 화사한 얼굴 같다. 노랑, 분홍, 주황, 흰색 등 꽃잎의 색깔도 다양하다.

한 겨울에도 화사하게 빛을 발하는 꽃을 만날 수 있는 온실.

크리스마스 장식에 빠지지 않는 포인세티아정원도 인상적이다. '축복', '나의 마음은 불타고 있습니다'라는 꽃말을 지닌 포인세티아로 화려하게 꾸며진 정원을 보면 어느새 크리스마스를 맞은 양 마음이 들뜨게 된다. 이처럼 크리스마스를 상징하는 꽃으로 추운 겨울에 따뜻한 분위기를 연출하는 포인세티아를 겨울꽃으로 생각하는 사람이 많지만, 멕시코 남부가 원산지로 열대성의 늘푸른 낮은키 나무다. 또한 우리가 알고 있는 빨간 잎은 꽃이 아니라 꽃을 받치고 있는 턱잎으로 그 안에 달린 아주 작은 수술이 꽃이다. 5,000여 평의 유리온실 안에 세계적으로 유명한 약 1,000만 송이의 꽃들이 향기를 폴폴 풍겨 코까지 즐거워진다. 상큼한 흙냄새와 풀냄새가 어우러진 이곳에는 어릴 적 시골길에서 보았던 이슬 맺힌 나팔꽃도 그대로 재현되어 있다. 빨갛게 피어난 사루비아의 길쭉한 꽃잎을 떼어 꿀을 빨아먹을 수도 있다.

토끼풀처럼 작은 이파리가 촘촘히 나 있는 바이콘드라 실버풀은 바닥에 납작 붙어 넓게 퍼져 있는 모습이 마치 초록색 카펫을 깔아놓은 것 같다.

환경친화적인 식물로 꾸며진 에코플랜트정원을 걷는 맛도 좋다. 에코플랜트는 미국 항공우주국이 달 표면 기지 생명유지시스템 개발 과정에서 발견한 관엽식물로 밀폐된 실내의 공기를 맑게 정화시키는 기능성 식물이다. 산세베리아, 벤자민, 행운목 등이 대표적이며 새집증후군이나 빌딩증후군 해소에 도움을 준다. 에코플랜트정원 옆에는 '소곤소곤 이야기 쉼터'도 마련되어 있다. 식물원을 돌아보다 다리가 뻐근해지면 쉬어가는 공간으로, 꽃으로 둘러싸여 세상에서 가장 예쁘고 행복한 쉼터라할 수 있다. 이곳에서는 꽃잎으로 손수건에 꽃물을 들이는 천연염색 체험과 꽃을 이용한 천연목욕비누 만들기, 말린 꽃을 이용해 앙증맞은 미니액자도 만들기 등을 해볼 수 있다.

인위적인 꾸밈 없이 시골마당처럼 자연스럽게 펼쳐져 있는 이곳의 진가는 관람객스스로에게 달려 있다. 그저 한 번 휙 지나치고 볼 것 없다고 실망하는 사람이 있는반면 찬찬히 훑어보며 꽃을 음미하는 사람은 1,000만 송이의 아름다운 꽃을 마음속 가득 담아올 수 있다. 식물원을 돌아보고 나오는 길에 입장권을 보여주면 예쁜 화분을 선물로 준다.

| 알고 가면 더 즐겁다 |

찾아가는 길

대중교통 지하철 1호선 도고온천역에서 내려 인근 버스정류장에서 401번 버스를 타고 봉농리 봉암정류장에서 내리면 세계꽃식물원까지 도보로 7~8분 걸린다.

승용차 서해안고속도로–서평택IC–아산 방조제–곡교교차로에서 공주·천안·예산 방면 우회전–39번 국도–읍내 교차로에서 홍성·예산 방면 우회전–21번 국도–도고온천역–금산리 교차로에서 우회전–세계꽃식물원

먹을 곳

세계꽃식물원 내에서 꽃비빔밥을 판매한다.

여명회관 한정식 아산시 온천동에 있으며 인공 조미료를 사용하지 않고 재래방식 그대로 조리한 연잎 한정식과 영양밥 한정식, 굴밥정식 등으로 이름난 곳이다.

문의 041–534–7777

청국장집 아산시 온양 2동 온양제일호텔 옆에 위치하며 구수한 청국장과 청국장보쌈정식이 별미다. 문의 041–533–9942

잠잘 곳

세계꽃식물원 인근 도고민들레펜션 041–533–6411

도고온천이 있는 아산시 도고면에도 숙박업소가 여러 곳 있다. **도고글로리콘도** 041–541–7100 **오페라하우스모텔** 041–542–4142

아산시 선장면 미리내펜션 010–8542–0332

이용 안내

위치 충남 아산시 도고면 봉농리 577(충남 아산시 도고면 아산만로 37–37) **홈페이지** www.asangarden.com **관람시간** 오전 9시~오후 6시(11~2월은 오후 5시까지) **입장료** 성인 8천 원, 어린이 6천 원 **문의** 041–544–0747

| 함께 둘러볼 곳 |

✚ 외암리 민속마을

아산시 송악면 외암리에 자리한 민속마을로 충청도 지방의 전형적인 양반촌 형태를 보여준다. 60여 가구가 오밀조밀 모여 있는 마을에서 눈여겨볼 곳은 이참판댁과 영암군수댁이다. 마을 동쪽 끝자락에 있는 이참판댁은 조선 말기 참판 벼슬을 지낸 이정렬이 고종으로부터 하사받은 집으로, 마을에서 규모가 가장 크며 조선시대 건축양식을 잘 보존해 중요 민속자료 제195호로 지정됐다. 마을 중간쯤에 있는 영암군수댁은 고종 때 영암군수를 지낸 이상익이 살았던 집으로 70간의 기와집과 정원 등이 당시 군수의 위세를 고스란히 보여준다.

✚ 함상공원

삽교호 방조제 끝자락에 있는 동양 최초의 군함테마공원이다. 한때 대양을 호령하던 대형 군함을 직접 둘러보며 해군의 역사와 문화를 엿볼 수 있다. 입구에 자리한 상륙함은 내부를 개조해 주제별 전시관으로 활용하고 있다. 1965년 월남에 파병되었던 청룡부대를 통해 베트콩 지하동굴의 단면을 보여준 전시물도 독특하다. 상륙함과 연결된 구축함은 원형을 그대로 보존하여 관광객이 군함 내부 동선을 따라 둘러볼 수 있다.

✚ 아산온천

아산에는 국내에서 가장 오래된 온천 역사를 지닌 온양온천 외에도 아산온천과 도고온천 등 유명한 온천들이 있다. 아울러 아산시 음봉면 신수리에 자리한 아산 스파비스는 목욕을 위주로 하는 기존의 온천과는 달리 온천수를 이용한 물놀이를 즐길 수 있는 실외 온천풀과 이벤트탕, 동굴탕, 가족탕, 연인탕, 파도풀, 스릴 만점의 튜브&바디 슬라이드 등이 함께 마련되어 있어 가족 단위는 물론 젊은 연인들에게도 인기가 좋다. 문의 041-539-2000

별이 빛나는 밤,
로맨틱한 불빛의 향연

봄꽃을 시작으로 이 땅을 화사하게 수놓던 꽃들이 지고 화려했던 가을 단풍마저 사라지고 나면 왠지 마음마저 휑한 느낌이 들기도 한다. 딱히 볼거리도 없는 추운 겨울엔 집을 나서는 것 자체가 고생이란 생각이 들 만도 하지만 그런 겨울이기에 더욱 로맨틱해지는 곳이 바로 포천 허브아일랜드다.

허브아일랜드는 1년 내내 허브 꽃이 피는 허브 천국이다.

꽃이 사라진 한겨울에도 다양한 허브를 접할 수 있는 실내 식물원에 들어서면 향긋한 허브 향이 머리를 맑게 해준다. 그 상큼한 기운을 단지 느끼기만 하는 것이 아니라 향기를 먹는 마을, 마시는 마을, 파는 마을 등 주제별로 색다르게 접할 수 있어 돌아보는 재미도 쏠쏠하다. 하지만 13만 평 규모에 달하는 너른 야외 정원에 피어나던 많은 허브들은 모습을 감추고 겨울잠에 빠져 있으니 보는 눈이 아무래도 심심하다.

'불빛동화축제'는 그 아쉬움을 달래 준다. 어둠이 찾아들면 이곳은 손톱만 한 조명 하나하나가 아름다운 꽃잎이 된다. 밤하늘의 수많은 별들이 땅 위에 살포시 내려앉은 듯 수백만 개의 꼬마전구가 빛을 발하는 야외 정원은 말 그대로 동화 속 풍경 같다. 밤마다 산속의 꽃빛 정원으로 변신하는 불빛동화축제는 매년 11월부터 이듬해 4월까지 펼쳐진다.

반짝이는 불꽃 향연이 특히 12월에 더욱 낭만적으로 다가오는 건 어디서도 보기 힘든 크리스마스 풍경이 담겨 있기 때문이다. 실내 식물원을 지나 잣나무 숲이 둘러

 겨울. 그래도 꽃은 피어 있다

싸고 있는 널찍한 야외 정원으로 나서면 불빛동화축제의 핵심지인 산타마을이 펼쳐진다. 무지개처럼 빛나는 정원 곳곳에선 후덕한 미소를 머금은 산타 할아버지와 귀여운 루돌프 사슴들이 반겨 준다. 밤이 깊을수록 더 섬세하고 화려해지는 정원이 여행자의 마음을 적당히 들뜨게 해 준다면 눈 내리는 겨울밤, 눈꽃을 얹은 은은한 빛줄기는 몽환적인 느낌을 안겨 준다. 꽃처럼 아름다운 빛의 마술이 깃든 로맨틱한 정원에는 '소원터널'로 불리는 불빛하트터널도 조성되어 있다. 저마다의 소원이 담긴 하트형 소원지가 대롱대롱 달려 있는 불빛터널은 연인들에게 가장 인기 있는 곳이다.

따스함이 깃든 밤빛 풍경에 젖어 걷다 보면 추억의 교실, 만화방, 사진관, 다방 등 7080 시절을 생각나게 하는 추억의 거리도 만나고, 물 위에 뜬 낭만 도시이자 가면의 도시인 베네치아를 재현한 베네치아 마을도 만나게 된다. 여기에서는 갈래갈래 퍼진 좁은 물길을 따라 도시의 비밀스러운 곳까지 파고드는 베네치아의 명물 곤돌라, 베네치아의 상징인 화려한 가면을 볼 수 있다. '사랑해'라는 뜻의 띠아모(Tiamo) 다리에서 겨울 연인이 되어 사랑한다는 말을 슬며시 건네 보는 건 어떨까. 화려한 볼거리가 가득한 로맨틱한 공간 곳곳엔 크리스마스 리스와 트리, 촛대 만들기 등 다양한 체험거리가 준비되어 있어 특별한 겨울 추억을 남기기에도 그만이다.

| 알고 가면 더 즐겁다 |

 **찾아가는 길**

대중교통 전철 1호선 소요산역에서 내려 건너편 버스 정류장에서 매시 50분에 출발하는 57, 57-1번 버스(약 40분 소요)를 타고 허브아일랜드 앞에서 내린다.

승용차 (내비게이션 주소) 경기도 포천시 신북면 청신로 947번길 35

 **먹을 곳**

허브아일랜드 안에 스테이크, 스파게티, 허브비빔밥, 피자 등을 판매하는 아테네홀 레스토랑, 허브갈비 전문점, 허브짜장, 허브탕수육 등을 판매하는 중국음식점, 허브국밥, 김치전, 막걸리 등을 판매하는 장터국밥집, 허브빵가게, 허브카페 등이 있다. 아울러 포천 허브아일랜드를 오가는 길에 이동면 장암리에 펼쳐진 이동갈비촌에 들러 포천의 명물인 이동갈비를 맛보는 것도 좋다.

 **이용 안내**

관람 시간 오전 10시~오후 10시(토요일·공휴일 오후 11시) **입장료** 만 17세~64세 6천 원, 37개월~중학생·만 65세 이상 4천 원 **문의** 031-535-6494

Travel Bible 1

자연을 그대로 담은 식물원

다양한 꽃을 한 자리에서 만난다!

매화나 국화, 장미, 벚꽃 등 계절에 따라 피고 지는 꽃들을 한 자리에서 볼 수 있다면 얼마나 좋을까?
한국의 야생화에서 세계의 꽃들에 이르기까지 다양한 종류의 꽃과 식물을 만날 수 있는 식물원으로 가보자.

● 경기도 용인 한택식물원

● 경기도 용인시 백암면 옥산리 비봉산 자락에 자리한 한택식물원은 사설식물원으로는 국내 최대 규모를 자랑한다. 자연생태원을 비롯해 워터가든, 아이리스원, 원추리원, 월가든, 암석원, 약용식물원, 희귀식물원 등 총 29개의 주제정원으로 조성되어 있다. 20만 평에 이르는 야트막한 산자락에는 금낭화, 앵초, 산괴불주머니, 각시붓꽃 등 이름만큼이나 질박한 삶을 이어온 우리 민족을 닮은 꽃들도 수두룩하다. 태백산맥을 오르지 않더라도, 어느 골짜기와 논두렁을 헤매지 않아도 우리 국토 곳곳에 피어 있는 우리 꽃들을 한 자리에서 만날 수 있다는 건 반가운 일이다. 철마다 색이 변하고 달마다 모습이 바뀌는 식물원이지만 가장 화려한 멋을 발휘하는 때는 5월과 6월이다. 5월에 볼 수 있는 꽃은 수백 종에 이르지만 그중 대표적인 것이 아이리스와 모란, 작약 등이다. 식물원 초입에 자리한 아이리스원은 5월 중순이면 꽃이 활짝 핀다. 5월 초순부터 중순까지는 350종의 모란이 활짝 피고 그 뒤를 이어 100여 종의 작약이 만개한다. 일본, 중국, 우리나라에만 있는 식물로 알려진 원추리는 한택식물원의 초여름을 아름답게 물들인다. 6월이 되면 한 번에 120여 종류의 원추리가 아름다움을 뽐내는데 꽃 색깔도 노랑, 진홍, 주황, 빨강 등 다양하다.

한택식물원에서 가장 눈여겨볼 곳은 자연생태원으로, 1,000여 종에 달하는 우리나라 자생식물들로 가득하다. 계곡을 따라 조성된 자연생태원은 얼핏 보기에는 동네 뒷산과 다를 바 없지만 자연 생태 조건과 동일한 환경을 만드느라 8년 동안 공을 들였다. 흔히 길가에 있는 풀이나 돌 틈에 핀 꽃들은 잡초라고 생각하기 쉽지만 이곳에서는 일일이 심고 가꾼 '식물들의 보물창고'나 다름없다. 이곳은 혼자 휙 보고 가기보다 식물원 직원의 안내를 받아 설명을 들으며 관찰하는 것이 좋다. 입구에 직원의 안내를 받을 수 있는 시간표가 있다. 식물의 특성을 모르고 돌아보면 그야말로 수박겉핥기식이지만 같은 식물을 보더라도 설명을 들으면 보는 재미가 확실히 다르다.

어릴 적 동요로만 접했던 할미꽃도 그냥 지나치면 보이지 않는다. 우산처럼 펼쳐진 잎 속에 살포시 꽃이 숨어 있는 개족두리는 매우 특이한 식물이다. 모양이 족두리를 쓴 것 같다 하여 이름 붙인 이 꽃은 모르고 지나치면 그 안에 꽃이 있다는 것을 알지 못한다. 가려진 잎 때문에 벌과 나비들이 접근하지 못해 개미 등이 수정을 시키기에 편리하도록 꽃도 고개를 숙여 땅을 쳐다보고 있다. 꽃잎의 크기가 2~3mm밖에 안 되는 괭이눈도 설명을 들으면 재미있다. 꽃이 너무 작아 벌, 나비가 제대로 보지 못하기 때문에 꽃이 필 즈음이면 초록빛이던 잎이 노랗게 변한다. 그것이 꽃인 줄 알고 왔던 벌과 나비들이 본래의 꽃을 찾아 수정한다니 자연 생태의 신비를 그대로 보는 셈이다. 4월 중순부터 노란 꽃이 피기 시작해 서리가 내릴 때까지 시나브로 피어 개화 기간이 가장 긴 매미꽃, 지름 1m에 가까운 이파리가 달려 쌈을 싸먹는 식물로 알려진 큰병풍쌈, 이파리가 치마처럼 둥그렇게 났다 하여 이름 붙은 처녀치마, 꽃받침이 매의 발톱처럼 생겼다 하여 이름 붙은 하늘매발톱, 꽃잎이 세 개에 이파리가 아홉 개라 하여 이름 붙은 삼지구엽초 등 생긴 모양새대로 꼬리표가 달린 꽃 이름이 투박하기도 하지만 왠지 세련된 이름보다 더욱 정겹다.

자연생태원을 벗어나 왼편으로 돌아 나와 전망대에 오르면 한택식물원의 전경이 시원스럽게 펼쳐진다. 전망대 바로 밑 절벽에는 돌을 쌓고 돌 틈에 식물을 옮겨 심은 월가든이 있고 그 앞에는 암석원이 있다. 솜다리꽃 등 300종의 고산식물을 심어놓은 암석원은 햇볕이 바로 내리쬐어 고산식물이 자라기에는 적당하지 않지만 표토층 밑에 배수로를 만들고 중간 중간 관목을 심어 그늘을 만들었다. 그 밑으로는 남반구의 자생식물을 들여놓은 호주 온실이 자리하고 있다. 육각형의 유리온실로 조성된 이곳에는 생텍쥐페리의 소설 《어린 왕자》에 등장하는 바오밥나무도 있다. 한방에서 이용하는 약용식물 300여 종이 전시된 약용식물원도 둘러볼 만하고 길이 120m, 폭 8m의 초록빛 융단을 깔아놓은 양 파릇파릇 피어 있는 잔디 가든은 맨발로 걸을 수 있다. 식물원을 돌며 4군데에서 도장을 찍어 가면 예쁜 엽서를 한 장씩 준다.

찾아가는 길 ◆**대중교통** 서울 남부터미널에서 백암행 버스 이용. 백암터미널에서 10-4번 버스를 타고 한택식물원에서 내린다. **문의** 031-338-4444 ◆**승용차** 영동고속도로–양지IC–17번 국도 타고 11km 직진–근곡사거리에서 백암면 방면으로 우회전–백암면 장평리 방향 325번 도로로 좌회전–10km 정도 가면 한택식물원

먹을 곳 ◆미담 수목원 앞 가든센터 2층에 자리한 한식당으로 계절에 맞는 꽃과 나물류, 탕평채 등이 곁들여 나오는 꽃산채비빔밥과 버섯된장찌개, 황태구이, 돈가스 등을 판매한다. **문의** 031-323-3747

이용 안내 ◆**관람 시간** 오전 9시~일몰 시각 ◆**입장료** 성인 8천5백 원, 청소년 6천 원, 어린이 5천 원 ◆**문의** 031-333-3558

자연을 그대로 담은 색색의 정원 02

● 경기 가평군 상면 행현리에 있으며 축령산의 빼어난 자연 경관을 배경으로 특색 있는 정원을 갖추고 있다. 10만 평의 부지에 고향집정원, 분재정원, 매화정원, 침엽수정원, 한국정원 등 17개의 테마정원으로 구성되어 있다.

매표소를 지나 바로 우측에 자리한 고향집정원은 어릴 적 향수를 불러일으키는 시골집을 중심으로 조팝나무, 능소화, 소나무와 같이 시골에서 흔히 볼 수 있는 식물 위주로 꾸몄다. 고향집정원을 지나 계곡을 건너면 분재정원. 소나무, 소사나무, 향나무, 단풍나무, 모과나무 등 자생수종을 소재로 다양한 분재작품이 전시되어 있다.

분재정원 너머에 있는 야생화전시장은 아기자기하게 꾸며진 민속 주택 모형과 함께 우리나라의 야생화도 볼 수 있다. 특히 가을철 연보랏빛 벌개미취가 가득 핀 모습이 아름답다. 가장 깊숙이 자리한 한국정원은 우리 옛 어른들의 삶의 터전을 재현해 놓은 곳으로 초가삼간, 부잣집 농가, 양반집 대가로 이루어져 있다. 도리깨, 절구 등 생활소품들을 직접 다뤄볼 수 있어 아이들과 함께하면 더욱 좋다.

아침고요수목원에서 꼭 들러야 할 곳은 바로 하경전망대다. 개울 건너편 산길을 따라 약 100m 올라가면 한반도 모양으로 조성된 하경정원과 함께 수목원의 풍경이 한눈에 들어온다. 이 외에도 계곡의 물소리, 새소리와 함께 벤치에서 조용한 명상의 시간을 가지며 주옥 같은 시를 감상할 수 있는 산책로와 에덴동산에서 시작해 하늘나라까지 이어지는 성서산책로는 낙엽으로 물든 가을 정취를 감상하기에 좋고 잣나무에서 나오는 피톤치드로 삼림욕을 즐기며 걸을 수 있다.

찾아가는 길 ◆**대중교통** 경춘선 전철을 타고 청평역에 내리거나 시외버스를 타고 청평터미널에 내리면 터미널에서 아침고요수목원행 버스를 이용할 수 있다. ◆**승용차** 서울–가평 방향 46번 국도–청평–청평검문소에서 현리 방면으로 좌회전–7km가량 지나 상면초등학교 앞 삼거리에서 좌회전–4km 정도 들어오면 아침고요수목원

먹을 곳 ◆아침고요수목원 내에 있는 한식당으로 시골 된장찌개, 산채비빔밥, 송이덮밥 등을 판매한다. **문의** 031–585–8233

◆**굿모닝커피** 수목원 내에 있는 은은한 분위기의 한옥 카페 **문의** 031–584–6704 **서화** 전통차를 마실 수 있는 찻집 **문의** 031–584–7281

이용 안내 ◆**관람 시간** 오전 11시~오후 9시(토요일 오후 11시) ◆**입장료** 성인 8천 원(주말 9천 원), 어린이 5천 원(주말·공휴일 5천5백 원) ◆**문의** 1544–6703

아기자기한 멋이 담긴 아담한 동산 03

경기도 남양주시 진건면 사능리에 있는 석화촌 또한 계절에 따라 다양한 꽃을 엿볼 수 있는 곳이다. 돌과 꽃이 어우러졌다 하여 이름 붙은 석화촌은 1만2천 평에 달하는 야트막한 동산에 연산홍, 철쭉, 홍매화, 저면 아이리스, 붓꽃, 원추리, 수선화를 비롯해 석탑, 불상, 나한상, 달마상, 돌하르방, 해태상 등 다양한 모양의 돌 조각품 400여 점이 어우러져 아기자기함을 더한다.

석화촌 안에는 삼단폭포와 작은 연못도 있다. 아담한 연못에는 수줍은 듯 살포시 피어난 수련이 동동 떠 있고 그 옆에는 황포돛배가 있어 그림 같은 풍경을 만든다. 아울러 연못가에도 작은 꽃들이 올망졸망 피어 있다. 손톱만한 꽃들이 땅속에서 비집고 나온 모양새가 신기하며 그 옆에 공작 깃털처럼 섬세하고 화려한 잎을 지닌 공작단풍도 눈길을 끈다.

봄이면 철쭉과 연산홍이 동산을 붉게 물들이고 여름 초입에 접어들면 노란 원추리와 나리꽃, 아이리스, 능소화, 작약 등이 동산을 가득 메운다. 라일락보다 진한 꽃 향기를 내뿜는 야생화인 댕강나무도 6월 초까지는 그 향을 맡을 수 있다.

입구에서 언덕 능선을 따라 올라가면 삼림욕을 하기에도 그만이다. 녹음이 우거진 좁은 숲길을 걷다보면 풀과 흙 냄새가 코를 자극하고 푸짐한 몸매의 달마상이 정겨운 미소로 맞이하는 등 군데군데 돌 조각상이 서 있다. 미로처럼 요리조리 나 있는 산책로를 모두 걸으면 1.5km 정도다. 식물마다 이름표를 붙여 찬찬히 훑어보면 자연스럽게 자연생태공부를 하는 셈이다. 야생화를 작은 화분에 담아 판매하기도 한다. 이곳에서는 무엇보다 나무와 꽃이 어우러진 길목 곳곳에 들어서 있는 돌 조각품을 보는 재미가 별나다. 단순히 돌을 전시하기보다 이야기가 담긴 돌 조각품들이 눈길을 끈다.

흥겨운 공연을 펼치고 있는 듯한 사물놀이 조각상을 비롯해 "새털처럼 많은 날에 뭐 그리 바쁜가"라며 술상을 마주하며 술을 권하는 선비들, "달밤에 우물가에서 만나자"라는 갑돌이와 갑순이상, "첫 번 먹은 마음 검은 머리 파뿌리 되도록 변치마오"라는 글귀와 함께 세워진 혼례식 조각품, 변강쇠 마누라 옹녀를 엿보는 남정네들의 모습도 재밌다. 싸리문이 닫힌 채 "오늘은 손님 안 받이요"라는 글귀가 써 있는 주막 안 풍경은 더 흥미롭다. 주모와 정분을 나누고 있는 남자, 담장 밖에서 그 모습을 훔쳐보는 총각들의 조각상이 웃음을 자아낸다.

석화촌에는 티베트, 인도, 캄보디아, 중국, 일본 등 각 나라에서 전해오는 성에 관련된 조각품과 춘화를 전시한 공간도 따로 마련되어 있다. 이곳은 19세 미만 관람 불가다. 아울러 야간에도 관람할 수 있도록 조명등을 밝혀 분위기를 찾는 연인들이 찾아오기에 좋다.

찾아가는 길 ◆**대중교통** 경춘선 전철 사릉역에서 내리면 도보로 약 20분 걸린다. ◆**승용차** 판교~구리고속도로 퇴계원IC에서 우회전–금강로 따라 직진–진관IC 교차로에서 먹골IC 방면 우회전–사릉IC 교차로에서 진건, 진접 방면 좌회전–200m가량 가서 우회전–석화촌

먹을 곳 ◆석화촌 안에 파스타와 스테이크를 판매하는 **시크릿가든**과 누룽지백숙을 판매하는 식당이 있다.

이용 안내 ◆**관람 시간** 오전 9시~오후 9시 ◆**입장료** 철쭉이 피는 시기인 4월 중순부터 6월 무렵에만 입장료를 받는다. 성인 4천 원, 어린이 3천 원 ◆**문의** 031–574–8282

시골 뒷산을 걷는 정겨움이 담긴 곳 04

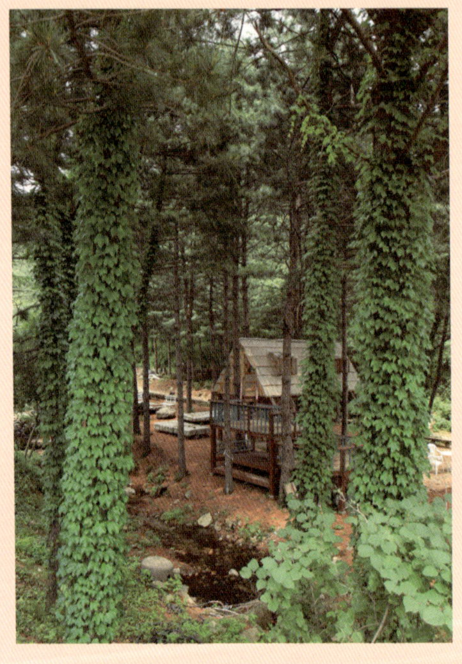

● 경기도 포천시 신북면 삼정2리에 있는 유식물원은 7만 평 규모에 달하는 동산 안에 아이리스원, 탱고의 정원, 아열대온실, 산딸나무숲, 서머왈츠, 암석원 등 20여 가지의 테마로 구성되어 있다. 이곳에서 가장 중점을 둔 곳은 아이리스원. 국내에서 가장 많은 종류의 아이리스를 엿볼 수 있는 아이리스 전문 식물원으로 5~6월 즈음에는 산자락 가득히 피어난 아이리스를 볼 수 있다.

식물원에 들어서면 무엇보다 기념품숍, 식당, 전시관 등 알록달록 원색의 건물들이 오밀조밀 들어선 모습이 앙증맞다. 이곳에서 작은 개울을 건너 동산을 따라 시계 방향으로 도는 것이 일반적인 코스다. 구불구불 산자락을 따라 천천히 구경하다보면 한 바퀴 도는 데 2시간은 족히 걸린다. 산책로 옆 작은 개울가에 군데군데 걸쳐 놓은 통나무다리를 꽃으로 장식한 모양새도 독특하다.

초입에 자리한 탱고의 정원은 허브를 비롯한 다양한 초화류를 선보이는 곳이다. 개울가를 따라 오르다보면 온실로 꾸며진 아열대식물원과 어린이가든도 있다. 이곳에서 조금 더 오르면 자연적으로 형성된 기암괴석과 습지를 활용하여 만든 암석원이 나온다. 암석원을 지나 몽글몽글한 돌 화단이 층층이 들어선 모습이 독특한 곳은 서머왈츠. 아이리스의 한 품종인 서머왈츠 잎을 형상화하여 만든 곳으로 화단 사이로 피어나는 꽃들이 아기자기하다.

이곳을 지나면 산자락을 따라 아이리스가 가득히 피어나는 아이리스원이 시작된다. 아이리스가 피고 질 즈음 산자락 언덕길을 따라 진보랏빛 꽃창포와 노란 코스모스도 조르륵 피어나 방문객을 맞이한다. 아이리스원으로 들어서기 직전 왼편에는 소나무가 가득한 휴양림이 있어 삼림욕을 즐기며 걷기에 그만이다. 오르는 길목 곳곳에 흔들흔들 그네식 의자와 벤치가 있어 꽃 향기와 숲 향기를 맡으며 잠시 쉬었다 갈 수 있다.

아이리스원에서 300m가량 더 올라가면 전망대다. 포천 시내가 한눈에 내려다보이는 전망대까지 가면 식물원 산책로는 내리막길로 이어진다. 내려오는 길목에는 산딸나무숲이 있다. 6월이면 마치 하얀 눈꽃이 내려앉은 듯 하얗게 피어나는 꽃이 인상적이다. 꽃이 지고 나면 8~9월 즈음 빨간 열매가 돋아난다. 산자락을 따라 이렇게 한 바퀴 돌다보면 식물원이라기보다 시골 뒷산을 걷는 느낌이 들어 마음이 편안해진다. 이곳에는 오토캠핑장도 마련되어 있고 전 세계에서 수집한 1,000여 점의 램프를 볼 수 있는 등잔전시관도 있어 보는 재미가 더욱 쏠쏠하다.

찾아가는 길 ◆**대중교통** 1호선 전철 소요산역 앞 횡단보도 건너 농협 앞에서 57번 버스를 타고 갈월버섯농장(갈월2리)에서 내리면 유식물원까지 도보로 약 20분 정도 걸린다. ◆**승용차** 서울–의정부–포천시청–하심곡삼거리에서 동두천 방면으로 좌회전–백궁가든 앞에서 우회전–유식물원

먹을 곳 ◆**핑크벨 레스토랑** 식물원 내에 중세 유럽풍으로 지어진 식당으로 버섯비빔밥과 샌드위치 빵 등 간단한 스넥류를 판매한다. ◆유식물원 안에는 글램핑장과 펜션이 있어 숙박을 하면서 식물원을 돌아보기에 좋다.

이용 안내 ◆**관람 시간** 오전 9시~일몰시, 사전예약제로 주중에는 15인 이상 단체만 방문 가능(캠핑하우스, 펜션 고객 제외) ◆**입장료** 성인 5천 원, 어린이 4천 원 ◆**문의** 031–536–9922

꽃향기에 취해 차분히 걷는 산책길 05

한강과 임진강을 따라 시원스럽게 뻗은 자유로 끝자락에 자리한 파주. 경기도 파주시 광탄면 창만리에 위치한 벽초지 문화수목원도 꽃구경을 하며 차분차분 걷기에 좋은 곳이다. 성벽처럼 둘러진 입구 안으로 들어서면 눈앞에 꽃밭이 펼쳐진다. 저마다 다양한 색깔의 꽃들이 사이좋게 어우러져 화사한 첫인상을 안겨준다. 꽃밭을 돌아 들어가면 분재처럼 예쁘게 꾸며진 키 작은 소나무와 구불구불한 노송이 어우러진 숲에 원두막도 있어 잠시 쉬었다 갈 수도 있다.

원두막을 지나 안쪽으로 더 들어가면 벽초지 연못이 나온다. 연못 안에는 우산을 펴 놓은 것처럼 큼지막한 연이파리들과 군데군데 기이한 모양의 바위가 솟은 모습이 독특하다. 여름이면 수면 위에 놓인 나무산책로를 통해 연못 한가운데로 들어가 코앞에서 수련을 볼 수 있다. 이곳 수련은 여름부터 피어나기 시작해 10월 말까지 볼 수 있다.

연못 한 귀퉁이를 가로지르는 아치형 나무다리의 이름은 무심교다. 다리 밑에는 수초들이 연못을 촘촘히 메워 언뜻 보면 풀밭 같다. 무심교 옆에는 버드나무에 휩싸인 멋스러운 정자도 있다. 파련정이라 불리는 정자는 이곳을 찾은 사람들이 필수적으로 들러 사진을 찍는 촬영 포인트다. 연못을 둘러싸고 주목터널길, 단풍나무길, 아리솔길, 돌길 등 저마다 특색 있는 산책로가 나 있어 걷는 맛도 쏠쏠하다. 아리솔길은 드라마 〈꽃보다 남자〉에서 윤지후(김현중)가 금잔디(구혜선)를 위해 바이올린을 켰던 장소다. 계절마다 식재하는 식물이 달라지는 퀸스가든은 가을 코스모스가 아름다우며 10월 하순에는 국화축제도 열린다. 주말에는 허브비누 만들기, 허브 심기 체험도 가능하다.

수목원 안에는 수영장이 달린 통나무 별장도 있다. 이곳에서 하루를 묵으면 관람 시간이 끝난 후부터 다음날 아침까지는 수목원 전체가 숙박객만의 전용 정원이 뇌는 셈이다. 저녁에는 수영장 옆에서 즉석 바비큐를 해먹을 수도 있다. 음식을 준비해오면 수목원측에서 일정 비용을 받고 숯과 그릴 등을 제공해준다.

찾아가는 길 ◆**대중교통** 서울역 인근 YTN 사옥 앞 또는 지하철 3호 삼송역 앞에서 광탄행(703번) 버스를 타고 광탄삼거리에서 내려 15, 67번 버스를 타고 벽초지문화수목원 앞에서 내린다. ◆**승용차** 자유로(통일동산방향)−문발IC에서 나와 광탄, 금촌방면−광탄삼거리에서 좌회전−방축삼거리(스마일마트)에서 우회전−벽초지문화수목원

먹을 곳 ◆수목원 내에 커피와 음료, 다양한 종류의 허브티를 판매하는 카페가 있다.

이용 안내 ◆**관람 시간** 오전 9시~오후 7시(11~2월 빛축제 기간 오전 10시~오후 10시) ◆**입장료** 성인 7천 원(주말·공휴일 8천 원), 청소년 6천 원, 어린이 5천 원 ◆**문의** 031−957−2004

소박한 들꽃이
한들한들 춤추는 곳 06

● 강원도 평창군 대관령면 병내리, 오대산 기슭에 자리한 한국자생식물원은 이름 그대로 우리 나라에서 자생하는 토종 들꽃으로 꾸며놓은 식물원이다. 봄부터 가을까지 3만여 평의 산자락에 다양한 야생화가 피어나 며 드라마 〈여름향기〉 촬영지로도 널리 알려져 있다. 인근에 전나무 숲으로 유명한 월정사와 상원사가 있어 더불어 돌아 보기에 금상첨화다.

오대산에서 흘러내린 맑은 실개천이 흐르는 식물원은 실내전시장과 야외식물원 등으로 구성되어 있다. 실내 전시장은 월별로 우리 꽃 사진전과 그림전, 압화전 등 우리 꽃에 관련된 전시물을 엿볼 수 있는 이벤트관, 계절별로 피어나는 우리 꽃을 시기와 공간에 맞게 연출한 조경관, 분화관, 우리 꽃의 특징을 살려 나무나 돌 화분 등에 전시한 분경관 등으로 나 뉘어 있다.

실내전시장을 지나면 시골 뒷산처럼 자연스럽게 형성된 야외식물원이 펼쳐져 있다. 400여 종의 자생식물과 70여 종의 희귀식물, 멸종위기식물 등 모두 1300여 종의 야생화가 계절을 달리하며 피고 지는 야외식물원 초입에는 주제원이 조성되어 있다. 동자꽃, 홀아비꽃대, 처녀치마, 며느리밥풀꽃, 할미꽃 등 꽃에 얽힌 사연에 따라 다양한 사람을 지칭하는 사람명칭식물원과 범부채, 노루오줌, 두루미천남성, 매발톱, 병아리꽃나무 등 식물의 생김새나 냄새 등이 동물과 관련되어 이름 붙은 동물명칭식물원, 향이 백리를 간다하여 이름 붙은 섬백리향을 비롯해 구절초, 창포, 옥잠화 등 천연의 향을 풍기는 향식물원으로 구성되어 하나하나 살펴보며 걷는 재미가 있다.

찾아가는 길 ◆**대중교통** 동서울터미널에서 진부행 버스를 이용한다. 진부터미널에서 월정사행 버스를 타고 식물원 입구에서 내리면 자생식물원까지 도보로 20분 정도 소요된다. ◆**승용차** 서천공주고속도로 청양IC–청양 · 정산 · 보령 방면 우회전–신덕삼거리에서 신덕리 · 와촌리 · 내촌리 방면 좌회전–천장리 방면 우회전–칠갑산로–탄정 삼거리에서 대천해수욕장 · 보령 방면 좌회전–대청로–청송초등학교 앞에서 고운식물원 방면 좌회전–고운식물원

먹을 곳 ◆청양읍 칠갑산로 인근에 돌솥정식을 판매하는 **다미** 041-942-7500와 비섯불고기를 판매하는 **해오름** 041-943-1292 등이 있다.

이용 안내 ◆**관람 시간** 오전 8시~오후 6시(11~3월 오전 9시~오후 5시), 야간개장시 오후 8시까지 입장 ◆**입장료** 성인 8천 원, 어린이 5천 원 ◆**문의** 041-943-6245

자연을 고스란히 옮겨놓은 휴식 공간

07

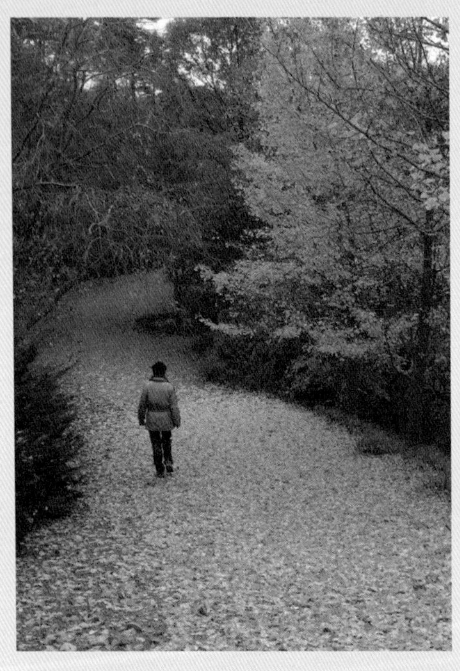

고운식물원은 야트막한 산 지형을 고스란히 살려 만든 환경친화적 공간이다. 11만 평에 달하는 산자락 가득히 피어나는 식물의 종류는 6,000여 종에 이른다. 그중에서도 단풍나무를 비롯해 장미, 붓꽃, 작약, 목단, 비비추, 무궁화 등이 고운식물원을 대표하는 수종이다. 아울러 식물원 내에 미니동물원과 원두막 쉼터, 잔디광장. 카페 등이 있어 쉬엄쉬엄 구경하기에 좋다.

울창한 나무숲을 따라 식물원을 한 바퀴 돌아보는 데 2시간 정도 걸린다. 매표소를 지나면 먼저 아치형 철 터널을 따라 대형 비너스상을 비롯한 조각품들이 관람객을 맞는다. 관찰로 초입에는 단풍나무들이 줄을 이어 가을이면 단풍길을 걷는 맛이 운치 만점이다. 단풍나무는 이곳 외에도 야산 곳곳에 식재되어 있다. 단풍나무길 오른편으로는 나무데크로 만들어진 산책로가 나 있다. 사시사철 푸른 소나무가 우거진 숲길로 향긋한 솔 향을 맞으며 걷기에 좋다.

이 길을 따라 300m가량 오르다 오른쪽으로 접어들면 미니동물원이 있고 좀더 올라가면 왼쪽으로 수련원도 있다. 수련원 위쪽에는 어린이 물놀이장이 조성되어 있다. 관람로를 중심으로 수련원 맞은편에는 야생화원과 어우러진 조각공원이 있으며 현재 200여 종의 야생화를 볼 수 있다. 소나무숲 속에 자연스럽게 조성된 야생화원 곳곳에는 '고향 이야기'라는 주제로 웅크리고 앉아 생각하는 사람, 땅 속에 발을 묻고 서 있는 나체 여인상 등 재미있는 조각품들이 전시되어 있다. 야생화원과 조각품이 어우러진 길 끝에는 널뛰기 등 민속놀이를 할 수 있는 체험장이 있다. 민속놀이마당 옆 카페를 지

나면 장미원이 나온다. 220여 종의 장미 사이에 튤립과 히아신스 등이 심어져 장미가 피지 않는 봄에도 화사한 풍경을 볼 수 있다.

장미원을 지나 식물원 안쪽 끝에 자리한 넓은 잔디광장을 기점으로 돌아 나와 전망대로 가는 길목에는 올망졸망 피어나는 비비추원, 봄과 초여름을 화사하게 물들이는 목련원, 원추리원 등이 있다. 특히 개화 기간이 길어 5월 말부터 7월까지 볼 수 있는 원추리는 매일매일 새로운 꽃이 핀다 하여 '데일릴리'라고도 불린다. 해발 265m 정상에 오르면 수목원 풍경이 시원스럽게 펼쳐진다. 전망대 바로 밑에는 돌탁자가 있으며 의자와 함께 커피와 음료수 자판기가 있어 잠시 쉬었다 가기에 좋다. 여기서 오른쪽 윗길로 들어서면 무궁화원이, 왼쪽 아랫길로 접어들면 철쭉원이 이어진다. 이렇게 관람로를 한 바퀴 돌고 나오는 끝 지점에는 소원의 종이 놓여 있다. 종을 울리는 사람의 정성 어린 마음을 받아 소원을 들어주는 종이라는데 지나친 욕심을 화를 불러일으킨다는 듯, '세 번 이상은 욕심'이라고 쓰인 글귀가 재미있다.

찾아가는 길 ◆**대중교통** 청양시외버스터미널 앞에서 택시를 이용하는 것이 가장 편하다. 고운식물원까지 약 10분이 소요된다. ◆**승용차** 경부고속도로─천안~논산 고속도로─정안IC─논산 방향 23번 국도─청양 방면 36번 국도─청송초등학교 앞 모퉁이에서 좌회전─군량리 방면으로 3.2km가면 고운식물원

먹을 곳 ◆**고운정** 고운식물원 내에 있으며 뵌칭찌개와 천구잡 닭과 오리백숙 등을 판매하는 한식당이다. 문의 041-943-2202

이용 안내 ◆**관람 시간** 오전 9시~오후 6시(10~2월 오후 5시) ◆**입장료** 성인 8천 원, 어린이 4천 원(3월, 11~2월은 50% 할인), 입장료를 내면 꽃씨를 무료로 나눠준다. ◆**문의** 041-943-6245

철 따라 들꽃이 수놓는 향긋한 화원 08

● 점봉산 남쪽 능선에 너른 터를 이루고 있는 곰배령(1,164m)은 인제군 귀둔리 곰배골 마을에서 진동리 설피 마을로 넘어가는 고개다. 1,000m가 넘는 고갯마루에 올라서면 수천 평에 달하는 초원에 철 따라 피는 작은 들꽃이 아름다운 화원을 이뤄 이국적인 풍경을 자아낸다.

곰배령은 산이 깊은 탓에 꽃 피는 시기가 평지보다 다소 늦은 편이다. 늦바람이 무섭다고나 할까? 4월이면 복수초를 시작으로 얼레지, 한계령풀, 홀아비바람꽃, 매발톱, 은방울꽃 등 수많은 들꽃이 릴레이 달리기를 하듯 하나둘 피었다 지면서 끊임없이 들판을 장식한다. 8월 말부터 9월까지는 곰배령 산마루가 들꽃으로 완전히 뒤덮인다. 이즈음 피는 꽃은 분홍빛의 둥근이질풀과 동자꽃, 노란 미역취, 진보랏빛 돌쩌귀 등이 주를 이룬다. 큰 무리를 지어 사방에 조막만한 얼굴을 내밀고 있는 둥근이질풀과 달리 큼지막한 얼굴의 동자꽃은 누가 볼세라 풀잎 사이에 살포시 숨어 있다. 수줍음이 많은 꽃일까? 꽃잎 색깔도 발그스름한 주홍빛이다.

곰배령은 인제군 진동리 강선골에서 오를 수 있다. 이곳에서 곰배령까지는 약 4km다. 곰배령 정상 부근만 약간 가파를 뿐 경사가 완만해 가벼운 트레킹 코스로 그만이다. 강선계곡을 끼고 오르는 길은 초입부터 울창한 숲이 하늘을 가려 대낮에도 어두운 편이다. 빽빽하게 들어선 활엽수 밑으로 이름 모를 야생화들이 남은 산자락을 뒤덮고 그 옆으로 흐르는 계곡에는 언제나 맑은 물이 콸콸 쏟아진다. 그 길을 조용히 걷다 보면 가끔 딱따구리 소리도 들을 수 있다. 이처럼 산골 오솔길에서 물소리, 새소리, 바람소리를 들으면서 걸으면 어느새 자연과 하나가 됨을 느낄 수 있다.

곰배령은 웅장하지도, 화려하지도 않은 소박한 아름다움이 매력적이다. 깊은 산속에서 발견된다는 금강초롱이 수줍은 듯 모습을 드러내고, 아무렇게나 우거진 나무들 때문에 앞이 제대로 보이지 않는 오솔길이 군데군데 뻗어 있다. 평탄한 길 끝자락, 산골 찻집으로 운영되는 마지막 인가를 지나 계곡물을 건너면서부터는 딱 한 사람이 걷기에 좋을 정도로 좁은 길이 곰배령까지 이어진다. 여기서부터는 마치 원시 밀림을 보는 듯 울창한 숲이 본격적으로 펼쳐지고 계곡 또한 깊어져 간다. 좁은 숲길을 따라 걸음을 옮기다 보면 빼곡하게 하늘을 가렸던 나무가 하나둘 사라지면서 어느새 확 트인 하늘과 함께 곰배령 특유의 초원이 눈앞에 펼쳐진다. 먼 곳에서 찾아와 힘겹게 산을 오른 이방인의 마음을 어루만져주려는 것일까? 수천 평의 구릉지에 흐드러지게 핀 야생화가 기다렸다는 듯 고개를 흔든다. 분홍, 주황, 노랑, 보라 등 저마다의 얼굴빛을 내밀고 배시시 웃는 들꽃은 보는 것만으로 가슴이 설렌다. 곰배령은 유전자 보호림 관리와 산불 예방 차원에서 부분적으로 입산을 통제하거나 탐방 인원을 제한하므로 사전에 인제국유림관리소(033-463-8166)에 탐방 신청을 해야 오를 수 있다.

찾아가는 길 곰배령을 오르는 입구인 강선골은 대중교통으로 가기는 쉽지 않으므로 승용차를 이용해야 한다. ◆**승용차** 서울춘천고속도로 동홍천IC에서 나와 속초·인제 방면−철정교차로에서 상남·내촌 방면 우회전−아홉사리로 따라 가다 진방삼거리에서 방동리 방면 우회전−조침령로−진동삼거리에서 좌회전−설피밭길−곰배령 주차장

먹을 곳 ◆**방태산민박식당** 방태산 자연휴양림 입구에 있으며 토종닭백숙, 감자전, 도토리묵, 산채비빔밥, 솔잎동동주 등을 판매한다. **문의** 033-463-5488 ◆**방동막국수** 033-461-0419

잘잘 곳 곰배령은 어차피 당일여행으로는 시간이 빠듯하므로 방태산 자연휴양림에서 하룻밤을 보내는 깃도 좋다. 무공해지역으로 소문난 강원도 인제에서도 오지에 속하는 기린면에 위치하며 '청정 휴양림'이라는 애칭만큼 푸르고 깨끗한 자연을 만끽할 수 있다. 여름이면 널찍한 마당바위 위로 맑은 물이 흘러 일광욕과 물놀이를 즐기기에도 그만이다. 마당바위를 지나 2~3km가량 올라가면 시원한 2단 폭포를 볼 수 있다. **문의** 033-463-8590

Travel Bible 2

전국의 이색적인 꽃길 명소

대한민국 꽃길을 모두 만난다!

본문에서는 미처 다루지 못한 꽃길들이 남아 있다.
이렇게 보면 소박하고, 저렇게 보면 이색적인 꽃길. 자연과 꽃에 취해 마음껏 걷고 싶다면 이곳도 도전해보자.

매화

✚ 경남 하동군 하동읍 흑룡리 먹점마을

섬진강을 사이에 두고 광양 청매실농원 건너편에 있으며 하얀 매화로 뒤덮인 풍경이 아름답다. 지리산 자락 구제봉 중턱에 있어 산자락을 뒤덮은 광양 매화마을과는 달리 20여 채의 소박한 농가와 굽은 오솔길, 다랭이밭, 정감 넘치는 장승들과 어우러져 푸근하면서도 아기자기한 멋을 자아낸다. 먹점마을의 산골매실농원(www.sangolmaesil.co.kr)에서는 매화가 한창일 무렵 작은 축제도 열고 민박도 가능하다.

✚ 전남 해남군 산이면 보해매실농원

보해매실농원은 광양 매화마을에 비해 그리 알려지지는 않았지만 규모로 보자면 우리나라에서 가장 넓은 매화밭(14만 평)이다. 광양의 매화가 비탈진 언덕에 심어진 반면 이곳은 평지에 조성되어 있어 또 다른 묘미가 있다. 홍매, 백매, 청매 등 1만1천여 그루의 매화가 빼곡히 심어져 장관을 이루며 영화 〈너는 내 운명〉과 〈연애소설〉의 배경지로도 유명하다. 이곳에서도 매화철이 되면 땅끝산이매화축제를 연다.

✚ 순천시 월등면 계월리마을

산자락과 계곡 주변이 매실나무로 뒤덮인 순천시 계월마을의 매실은 향기가 특히 강해 '향매실'이라고 부른다. 이곳에서도 매화꽃이 무르익는 3월 하순에 '동네방네 매화잔치'가 벌어진다.

산수유

✚ 의성 산수유마을

경북 의성군 사곡면 화전리도 매년 3월 말에서 4월 초가 되면 온 마을이 노란 산수유로 뒤덮인다. 마을 입구에서부터 산자락에 이르기까지 두루 퍼져 있는 산수유나무는 3만여 그루나 된다. 특히 화전 2리에서 3리에 이르는 십릿길은 노란 산수유가 빼곡하게 이어져 걷기 좋다. 연초록 마늘밭으로 인해 산수유의 노란빛이 더욱 도드라져 보인다. 이 무렵에는 의성군 사곡면 화전리 마을 일원에서 산수유축제가 열린다. 축제 기간에는 산수유 꽃길 걷기를 비롯해 산수유 소망동산 꿈나무 심기, 소달구지 타기 등의 체험 행사가 열린다.

+ 양평 산수유마을

내리와 주읍리마을은 양평군 남쪽 끝에 자리한 추읍산 자락을 따라 지금까지도 소박하고 풋풋한 시골 냄새가 풍기는 아담한 마을로, 수령 20~200년 된 산수유나무 7천 그루가 분포한다. 매년 4월 초에는 이 마을을 비롯해 개군 레포츠공원에서 산수유&개군 한우축제가 열린다. 연 날리기, 마차 타기, 섶다리·돌다리 건너기 등의 체험 행사와 몽골 전통공연, 소림무술, 불꽃놀이 등의 공연도 펼쳐진다. 축제 기간 중 마을 구석구석을 거닐며 산책을 즐기는 맛도 좋다. 청정 지역에서 자란 개군 한우 홍보를 위한 다양한 이벤트를 실시하며 우시장도 열린다.

동백꽃

+ 전북 고창 선운사

전북 고창군 아산면 삼인리에 자리한 선운사도 동백꽃으로 유명하다. 천연기념물 제184호로 지정된 선운사 동백숲은 절 입구 오른쪽 비탈에서부터 절 뒤쪽까지 5천여 평에 달하는 공간에 500~600년 된 동백나무 3천여 그루가 군락을 이룬다. 매년 3월 말에서 4월 말 사이에 꽃을 피우는 모습이 장관을 이루지만 이곳의 동백숲은 보호림으로 지정돼 출입금지이며 아쉽게도 철조망 밖에서만 꽃을 감상할 수 있다.

+ 전남 강진 백련사

청자문화의 고장인 전남 강진의 이름난 사찰 백련사의 동백꽃도 선운사에 결코 뒤지지 않는다. 특히 천연기념물 제151호로 지정되어 보호받고 있는 백련사 동백숲은 고려시대부터 이름난 명물이다. 사찰 진입로는 물론 뒤편 산자락까지 감싸고 있어 3월 중하순에는 빨간 동백꽃으로 뒤덮인 모습을 볼 수 있다. 백련사 뒤편으로 다산초당과 다산유물전시관으로 이어지는 산책로는 동백숲은 물론 야생차밭과 나무계단길, 대나무울타리 오솔길, 황톳길, 자갈길 등 다양한 모습으로 꾸며져 호젓하게 걷기에 좋다.

+ 마량리 동백나무숲

충남 서천 마량포구 인근, 서천화력발전소 뒤편 언덕에 있으며 천연기념물로 지정된 수령 5백 년의 동백나무가 빽빽히 들어차 있다. 이곳의 동백은 오랜 세월을 말하듯 나뭇가지가 부챗살처럼 넓게 펼쳐져 있는 모습이 인상적이다. 겨울 끄트머리에 꽃망울을 터트리기 시작해 4월에 절정을 이룬다. 동백나무숲 사이로 나 있는 돌계단을 올라 정상에 있는 동백정에 이르면 탁 트인 바다가 펼쳐져 가슴이 시원해진다. 무엇보다 이곳에서 바라보는 낙조가 일품이다. 동백나무숲 바로 앞에 떠 있는 작은 섬 오력도 옆으로 해가 기울 즈음, 새빨간 꽃잎과 어우러진 붉은 노을은 그야말로 한 폭의 그림 같다. 매년 3월 말에서 4월 초에 마량리 동백정 일원에서 동백꽃주꾸미축제가 열린다. 축제 기간에는 동백꽃이 가득 핀 마량리 앞바다에서 주꾸미잡이와 함께 동백비누 만들기 등 다양한 체험 행사와 공연을 펼치며 싱싱한 주꾸미요리 등을 즉석에서 맛볼 수 있다.

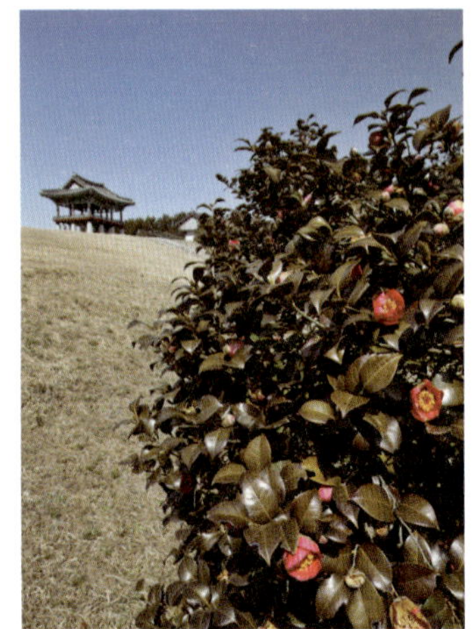

개나리

+ 목포 유달산 개나리

층층기암과 절벽이 절묘하게 어우러진 풍경이 멋진 유달산(228m). 그리 높은 산은 아니지만 일등바위, 이등바위, 삼등바위가 마치 시상대에 나란히 선 것처럼 능선 위에 우뚝 솟아 있다. 독특한 유달산 정상에 오르면 목포시는 물론 다도해가 한눈에 들어온다. 4월 초순 무렵이면 이 유달산을 휘감아 도는 2.7km가량의 일주도로를 따라 노란 개나리가 피어나 포근함을 안겨준다. 이즈음 개나리는 물론 하얀 벚꽃까지 어우러진 풍경으로 봄빛을 유감없이 발휘한다. 유달산 입구에는 한국 토종란을 비롯해 동양란, 양란, 천연기념물로 지정된 난 등 250여 종의 난을 볼 수 있는 난전시관과 야외조각공원도 있다.

개나리와 벚꽃이 만개하는 매년 4월 초순경에는 유달산 꽃축제가 열린다. 축제 기간에는 꽃길 걷기, 꽃장식대회, 코끼리 꽃열차 운행, 꽃비누, 꽃풍선 만들기, 각종 공연과 시민이 함께 참여하는 강강술래 등 다채로운 행사가 펼쳐진다.

벚꽃 서울

✛ 석촌호수

송파구 잠실동과 송파대로를 사이에 두고 동호와 서호로 이어진 석촌호수에도 1,000그루의 왕벚꽃이 벚꽃터널을 만들어 호숫가를 하얗게 물들인다. 청록색을 띤 호수를 둘러싸고 눈구름처럼 피어난 벚꽃 사이로 철쭉과 야생화도 곁들여져 화사함을 더한다. 깔끔하게 조성된 산책로를 따라 호수를 한 바퀴 도는 거리는 약 2.5km이며 한 바퀴 도는 데 40분 정도 걸린다. 한적한 호수의 운치를 만끽하고 싶다면 농호쪽이 좋다. 서호는 롯데월드 매직 아일랜드를 품고 있어 놀이기구를 타는 사람들의 비명소리로 인해 차분한 분위기를 느끼기 어렵다. 그러나 서호 바깥쪽으로 나 있는 송파나루는 나름대로 운치가 있어 밤에 찾아가면 좋다. 매년 4월 중순부터 하순까지 석촌호수 일대에서 벚꽃대축제를 연다. 지하철 2호선 잠실역 2번 출구로 나오면 석촌호수까지 도보로 5분 거리다.

✛ 서대문 안산 벚꽃길

서대문구청 뒤편에 자리한 안산(296m)에도 4월 중순경이면 왕벚나무가 일제히 꽃을 피운다. 벚꽃이 흐드러지게 핀 안산은 다른 곳에 비해 잘 알려지지 않아 완만한 산길을 걸으며 호젓하게 꽃구경을 하기에 좋다. 서대문구청 왼쪽 도로를 따라 300m 정도 올라가면 벚꽃광장이 나온다. 이곳에서 전망 좋은 봉수대까지 올랐다가 무악정을 거쳐 내려오는 게 일반적인 코스다. 이렇게 거쳐 오는 데 약 2시간이 소요된다. 정상에 자리한 봉수대에 오르면 서울을 둘러싼 인왕산과 북한산, 한강 줄기가 한눈에 보인다. 지하철 3호선 홍제역 3번 출구로 나와 7738, 7739 버스를 타고 서대문구청 앞에서 하차한다.

✛ 능동 어린이대공원

여의도 윤중로가 벚꽃명소로 부각되기 이전부터 서울의 벚꽃명소로 자리매김해 온 곳이 어린이대공원이다. 오래 전부터 벚꽃으로 유명했던 만큼 이곳에는 수령이 오래된 벚나무가 많다. 정문에서 후문에 이르는 2.5km 정도의 길목은 물론 공원 구석구석 벚나무와 함께 개나리까지 화사하게 피어 있다. 공원 안에 동물원과 식물원, 생태연못, 맨발공원까지 갖춰져 있어 두루두루 둘러보기에 좋다. 매년 4월 중순부터 한 달 동안 봄꽃축제가 열려 다채로운 행사도 펼쳐진다. 지하철 7호선 어린이대공원역 1번 출구로 나오면 어린이대공원 정문 입구가 있다.

✛ 서울대공원&서울랜드

서울대공원 한복판에 자리한 대공원 호수를 따라 서울랜드 입구까지 이어지는 벚꽃길은 약 4km다. 호수변을 따라 아름드리 벚꽃나무가 이어진 이 길은 특히 데이트코스로 인기가 높다. 벚꽃이 만개하는 4월 중순경에는 서울대공원과 서울랜드에서 각각 벚꽃축제가 열린다. 축제 기간에 서울랜드는 오후 10시까지 야간 개장을 한다. 매일 오후 펼쳐지는 벚꽃 퍼레이드, 저녁에는 화려한 레이저쇼와 다양한 콘서트 등을 관람할 수 있다. 지하철 4호선 서울대공원역 2번 출구로 나오면 서울대공원 입구다.

✛ 남산

서울 시내 한복판에 자리한 남산도 4월 중순이 되면 화사한 꽃산으로 변신한다. 남산을 둘러싸고 7.5㎞가량 이어지는 순환도로 또한 줄줄이 늘어선 2,000여 그루의 벚나무가 바람에 흩날리며 온통 꽃물결에 젖어든다. 특히 저녁 무렵, 쏟아지는 꽃비를 맞으며 길을 걷다 케이블카를 타고 남산 꼭대기에 올라서 꽃으로 뒤덮인 산 아래 서울 시내 야경을 내려다볼 수 있다. 지하철 4호선 명동역 3번 출구로 나와 퍼시픽호텔 오른쪽으로 들어서 350m 정도 올라가면 케이블카 타는 곳이 나오고 이곳에서 남산 순환도로가 펼쳐진다.

✛ 관악산

여의도 윤중로 만큼은 아니어도 수려한 자연경관을 뽐내는 관악산에서도 화려한 벚꽃을 감상할 수 있다. 관악산 입구에서부터 피어나는 벚꽃은 제1광장에 자리한 호수공원까지 이어진다. 화사한 벚꽃 산책로를 걷다 시원스러운 물줄기가 뿜어져 나오는 호숫가 정자에 앉아 휴식을 취하기에도 안성맞춤이다. 초입에 맨발공원도 조성되어 꽃길을 걷느라 피로해진 발을 풀어주기에도 좋다. 맨발공원 옆에는 1만5천여 그루의 소나무가 들어선 숲도 있어 산림욕까지 덤으로 즐길 수 있다. 지하철 2호선 서울대입구역 3번 출구에서 서울대학교 방면 버스를 이용한다. 서울대학교 정문 우측이 관악산 입구다.

벚꽃 전국

✚ 경주 보문호수

신라 천 년의 역사가 살아 있는 경주도 시내 곳곳에 벚꽃 터널을 이룬 곳이 많다. 그중에서도 벚꽃 산책하기에 좋은 곳이 경주시 신평동에 자리한 보문호수다. 50만 평 규모의 넓은 호수를 둘러싸고 호숫가에 길게 늘어진 수양버들과 함께 하얀 벚꽃이 이색적이다. 호숫가를 따라 말끔하게 단장된 산책로와 자전거도로가 나 있어 호수 위로 불어오는 상큼한 바람에 흩날리는 벚꽃송이를 맞으며 가볍게 산책하는 것도 좋고 자전거(보문호 주위에는 자전거를 대여하는 곳이 많다. 대여료는 1시간당 3천 원)를 타고 시원스럽게 달리는 맛도 짜릿하다. 잔잔한 호수 위에서 오리보트를 타거나 호수변에 자리한 선재현대미술관에서 예술품을 관람할 수도 있다. 미술관 앞 잔디마당에는 군데군데 조각품도 많고 특히 미술관 입구에는 보테르의 작품을 형상화한 재미있는 신사숙녀 조각품이 있어 보는 것만으로도 흥겹다. 벚꽃이 절정을 이룰 즈음 경주에서는 누구나 참가할 수 있는 벚꽃마라톤대회가 열린다.

✚ 강릉 경포호

'수면이 거울같이 청청하다'고 해서 이름 붙은 경포호는 경포해수욕장 앞에 있으며 '하늘, 바다, 호수, 술잔, 님의 눈동자에 뜬 다섯 개의 달을 동시에 볼 수 있다'는 이색적인 달맞이 장소로도 유명하다. 벚꽃이 피는 봄이면 경포호 주위를 하얗게 물들인 모습이 장관을 이루고 특히 밤이 되면 벚꽃나무 사이로 은은하게 비치는 가로등 불빛과 달빛이 물빛에 반사되어 환상적인 분위기를 연출해 천천히 걸으며 산책하기에 좋다. 호수 주변으로 갈대숲과 함께 길가 곳곳에 조각품들이 전시되어 있어 아기자기한 멋을 더한다. 매년 4월 초에는 경포호를 중심으로 벚꽃축제가 열린다.

✚ 영암 월출산

전남 영암도 곳곳에 피어나는 벚꽃길을 모두 합하면 25km에 이르며, 봄이 되면 만개한 벚꽃으로 벚꽃도시가 된다. 그중에서도 영암읍에서 영암의 명산인 월출산 도갑사 앞길을 지나 학산면 독천에 이르는 길가에 핀 벚꽃이 대표적이다. 6km에 달하는 이 길목에 들어선 벚나무는 대략 2만여 그루다. 기암괴석을 품은 채 병풍처럼 솟아난 월출산과 넓은 들판에 파릇파릇 피어난 보리밭을 배경으로 뽀얗게 돋아난 벚꽃 풍경이 아름답다. 벚꽃이 만개하는 4월 초순에는 영암군 군서면에 자리한 왕인박사 유적지를 중심으로 왕인문화축제가 열린다.

+ 진안 마이산

마이산에도 매년 4월이 되면 마이산 남부의 이산묘와 탑사를 잇는 2km 정도의 길목이 벚꽃으로 가득 찬다. 이곳은 특히 세계 유일의 부부봉이라 일컫는, 암마이봉과 숫마이봉을 배경으로 피어난 모양새가 독특해 많은 사진작가들이 즐겨 찾는 곳이기도 하다. 이곳 역시 벚꽃이 만발할 즈음 마이산 벚꽃축제가 열린다.

+ 순창 강천산

순창군과 전남 담양군을 가르고 있는 강천산(584m)은 규모에 비해 깊은 계곡과 병풍처럼 둘러친 기암절벽이 아름답다. 강천산의 벚꽃은 다른 지역과 달리 자연산 산벚꽃으로 꽃송이가 새끼손톱만큼이나 작은 반면 색깔은 유난히 희고 맑으며 화사하다. 매표소에서 구름다리까지 이어지는 길은 산책길로 인기가 높다. 평탄하게 다져진 흙길을 지나 한 사람 정도 지나갈 수 있는 좁은 구름다리(지상에서 50m)를 건너는 맛도 짜릿하다. 구름다리를 건너 정상에 이르면 전망대가 있는데 이곳에서 내려다보면 산자락을 타고 여기저기 새하얀 꽃물결이 넘실대는 모습이 한 폭의 그림 같다.

+ 언양 신불산

울산 언양읍 신불산 입구에서부터 계곡에 이르는 2km 구간은 영남 제일의 벚꽃터널로 꼽힌다. 이곳은 특히 자동차가 진입하지 못하는 작은 오솔길 양옆으로 수령 150년 이상 된 벚나무가 터널을 이루고 있다. 바람에 흩날리는 벚꽃을 맞으며 쉬엄쉬엄 거닐다 벚꽃 터널 끝에 자리한 정자(작청청)에 앉아 계곡과 어우러진 벚꽃 풍경을 음미하기에 좋다.

+ 제천 충주호

중앙고속도로를 타고 남제천IC에서 빠져나와 우회전하면 청풍호수 줄기를 끼고 도는 호반길이 펼쳐지는데 4월이 되면 온통 화사한 봄꽃으로 물든다. 호반을 따라 구불구불 펼쳐지는 도로는 벚꽃 가로수가 긴 터널을 만들어 드라이브 코스로 제격이다. 호반길을 따라가다 보면 송곳처럼 뾰족한 바위들이 무리를 지어 마치 병풍을 펼쳐놓은 듯한 금월봉이 나온다. 금월봉을 지나 청풍대교를 건너면 청풍문화재단지. 1982년 댐공사로 수몰 위기에 놓인 옛집들을 고스란히 재현해 놓아 볼거리도 많지만 청풍문화재단지 곳곳에 벚꽃과 복사꽃, 목련, 개나리가 피어 있어 꽃의 향연을 마음껏 만끽할 수 있다.

+ 서산 개심사

충남 서산시 운산면 상왕산 자락에 자리한 개심사는 벚꽃이 피어날 즈음에 가면 독특한 아름다움을 엿볼 수 있다. 개심사는 국내에서 벚꽃이 가장 늦게 피어나는 곳으로 알려져 있다. 다른 지역의 벚꽃이 다 지고 난 4월 하순에서 5월 초가 되어서야 꽃이 활짝 핀다. 뒤늦게 피어나는 개심사의 벚꽃은 그 아쉬움 때문인지 그 어느 곳보다 화려하다. 무엇보다 이곳에는 전국에서 유일하게 청벚꽃이 피어난다. 푸르스름한 빛이 감도는 청벚꽃은 꽃송이도 유난히 커서 탐스럽기 그지없다. 여기에 주먹만한 분홍색 겹벚꽃까지 어우러져 주렁주렁 피어난 모습이 이색적이다.

+ 구례군 문척면

화개장터 벚꽃축제가 한창일 즈음 비슷한 시기에 인근에 있는 구
례군 문척면 죽연마을 일대에서도 벚꽃축제가 열린다. 문척마을 벚
꽃축제는 상대적으로 덜 붐벼 호젓하게 즐길 수 있다. 구례읍내에
서 축제장까지 이어지는 길을 걷는 맛도 좋다. 구례 버스터미널에
서 문척교까지는 약 500m다. 난간도 아주 낮고 낡은 다리 위에서
내려다보는 섬진강 풍경은 왠지 모르게 마음을 편안하게 해준다. 이
즈음 유유히 흐르는 섬진강변에는 유채꽃도 가득 피어 있다. 죽연마
을은 문척교를 지나 벚꽃이 터널을 이룬 왕복 2차선 도로를 따라 가
도 좋지만 문척교를 지나자마자 오른편 샛길로 들어서서 섬진강 둑
길을 따라 걷는 것도 운치 만점이다. 강변 위로 폭 2~3m 정도 되는
좁은 둑길은 파릇한 잔디밭으로 뒤덮인 채 강변을 따라 노란 개나

리가 피어 있는 모습이 그림 같다. 오로지 걷는 자들만이 맛볼 수 있는 풍경이다. 둑길을 따라 500m 정도 걷다 바둑판처
럼 네모반듯한 논두렁길을 가로질러 100m쯤 가면 축제행사장이 나온다. 구례 섬진강변 벚꽃축제 기간에는 향토음식 판
매와 더불어 한지공예, 쌀엿 만들기, 압화 체험 등 다양한 행사가 펼쳐진다. 내친 김에 죽연마을에서 벚꽃길을 따라 사성
암(구례 산수유마을 참조)까지 올라보는 것도 좋다. 행사장에서 500m 더 들어가면 사성암으로 오르는 입구가 나온다. 입구
에서 사성암까지는 약 1.2km다. 길이 좀 가파르긴 하지만 오산 정상에 자리한 사성암에 오르면 독특한 암자 모습과 함께
섬진강 줄기와 구례읍의 넓은 벌판, 멀리 무등산으로 이어지는 지리산 연봉이 그림처럼 펼쳐진다.

복사꽃

+ 주문진 복사꽃마을

강원도 강릉시 주문진읍 장덕2리 마을 또한 봄이 무르익을 즈음이면 마을 전체가 핑크빛으로 물든다. 이곳 역시 영덕처
럼 태풍으로 논밭이 모두 훼손된 이후 복숭아나무를 심기 시작하여 지금은 주민 대부분이 복숭아 농사를 짓고 있다. 매
년 복사꽃이 화사하게 만개하는 4월 하순경에는 복사꽃축제도 열린다. 축제 기간에는 온통 분홍빛으로 물든 마을에서
추억의 사진 찍기, 복숭아 과수원에서의 보물찾기, 떡 메치기, 바람개비와 버드나무 풀피리 만들기, 어린이 사생대회, 노
래자랑 등이 펼쳐진다. 시립교향악단 공연과 1년 동안 마을의 풍경을 담은 사진 전시회도 열린다.

✚ 원주 두독마을 복사꽃

강원도 원주시 소초면 평장리 두독마을도 복사꽃단지로 알려졌으며 봄이면 분홍 꽃마을을 이룬다. 이곳은 특히 은혜 갚은 까치의 전설이 깃든 치악산국립공원과 가까워 치악산 산행을 겸해 여행하기에 좋다. 두독마을 일대에서는 매년 4월 하순경 꽃이 만개하는 시기에 맞춰 복사꽃축제도 열린다. 축제 기간에는 풍년기원제를 비롯해 복사꽃길 함께 걷기, 사진전시회, 허수아비전시회, 먹을거리 장터 운영 등 다양한 행사가 펼쳐진다.

✚ 이천 장호원 복사꽃

매년 4월 하순경이면 경기도 이천시 장호원읍 백족산 기슭을 중심으로 화사하게 피어난 복사꽃이 장관을 이룬다. 발그스름한 복숭아꽃은 물론 하얀 배꽃과 길섶마다 노란 민들레가 어우러져 소박한 농촌 풍경을 화사하게 물들이며 이즈음 한바탕 축제도 펼쳐진다. 축제 기간에는 흥겨운 민속놀이와 다양한 공연이 펼쳐지고 복사꽃 아래에서 봄나물을 캐는 재미도 곁들여진다.

진달래

✚ 창녕 화왕산

산세가 완만한 화왕산(766m) 진달래는 화왕산성 주변과 관룡사로 이어지는 능선, 옥천계곡과 드라마 〈허준〉 촬영 세트장 등이 대표적인 진달래 군락지다. 특히 십리 억새밭과 분홍빛 진달래의 조화는 환상적이며 대개 4월 중순부터 피어나 4월 말까지 이어진다. 화왕산의 진달래 산행은 옥천리 매표소에서 시작하여 관룡사–관룡산 정상에서 화왕산으로 이어지는 6.5km 능선~창녕여중 코스로 잡는 것이 일반적이다.

✚ 장흥 천관산

전남 장흥 천관산 진달래는 천관산에서 장천재에 이르는 구간이 대표적인 군락지로 4월 중순이 되면 능선 좌우의 사면이 온통 분홍빛으로 채색해 놓은 것 같다. 아울러 천관산 정상인 연내봉 북쪽 사면과 천관사에서 천주봉으로 이어지는 능선 역시 진달래가 줄을 잇는다.

✚ 거제 대금산

거제 대금산은 꽃과 산과 바다의 아름다움을 동시에 즐길 수 있는 진달래 명소로 꼽힌다. 노약자도 쉽게 등반할 수 있는 나지막한 대금산(437m)의 진달래 군락지는 북쪽 사면의 8부 능선부터 시작된다. 진달래 군락지가 서서히 모습을 드러내는 능선을 따라서 정상에 오르면 산머리에 연분홍빛 왕관을 씌워놓은 듯한 아름다움을 엿볼 수 있다. 정상에서 내려다 보면 발그스름한 진달래와 함께 다도해의 푸른 물결이 한눈에 들어온다. 진달래가 피어나는 4월 초순에는 진달래축제가 열린다.

✚ 창원 천주산

창원, 마산, 함안의 경계에 위치한 천주산은 그저 평범한 야산으로 보이지만 산을 뒤덮는 진달래 자생지로 유명하다. 특히 용지봉에서 천주봉에 이르는 진달래 군락지는 산중의 꽃동산이라 해도 과언이 아니다. 진달래가 지고 나면 그 자리에 철쭉과 야생화가 피어나 새로운 자태를 뽐낸다. 천주암과 달천계곡, 마산 합성동의 제2금강 계곡을 따라 등산로가 나 있다. 4월 중순이면 진달래 축제도 열린다.

✚ 대구 비슬산

비슬산 역시 4월 중순 무렵이면 정상에서 조화봉으로 이어지는 완만한 능선 길을 따라 진달래가 만발하기 시작해 천상 화원을 이룬다. 대개 4월 말경 절정을 이루며 정상 부근을 비롯해 988봉 아래 사면, 대견사 터를 품고 있는 산자락 등이 대표적인 군락지다. 특히 대견사터 북쪽은 30만여 평의 산자락이 온통 진달래밭으로 뒤덮이고 988봉 일대의 군락지는 비슬산에서 가장 곱고 화사한 진달래를 볼 수 있다.

✚ 이천 설봉산

이천시민의 쉼터인 설봉공원을 병풍처럼 감싸고 삼형제바위와 설봉산성을 품고 있는 설봉산에서 4월 중순이면 진달래가 한가득 피어나 한 폭의 수채화를 보는 듯하다. 설봉산 진달래는 영월암과 장승이 마을을 잇는 고개에서 정상으로 이어지는 능선 양쪽 사면에 군락을 이루고 있다. 또 363봉에서 사기막골로 이어지는 능선의 북사면에도 진홍빛 진달래가 장관을 이룬다.

유채꽃

✚ 사천 삼천포대교 주변

삼천포대교 주변도 4월 중순이면 산자락을 타고 온통 유채꽃으로 노랗게 물든다. 특히 이곳의 유채는 웅장한 느낌을 준다. 삼천포대교 옆 나무데크길에 오르면 노랗게 피어난 유채꽃이 작은 섬들을 품고 있는 푸른 바다, 주홍빛 삼천대교와 어우러져 원색의 향연을 펼친다. 삼천포대교 앞에 자리한 늑도마을은 옹기종기 모인 집들 사이로 피어난 유채가 방파제 끝에 놓인 빨간 등대와 어우러진 모습이 그림 같다.

✚ 포항 호미곶

푸른 바다와 노란 유채꽃의 어우러짐이 돋보이는 곳으로 포항 호미곶도 빼놓을 수 없다. 포항시 남구 대보면 대보리에 있으며 일출의 명소로 잘 알려져 있지만 4월 중순부터 5월 중순에는 탁 트인 바다를 배경으로 피어나는 노란 유채꽃 풍경이 한 폭의 그림을 만들어낸다. 유채와 함께 바다에서 불쑥 솟아난 손 조각품과 다양한 조형물이 설치되어 있는 밀레니엄광장과 등대박물관까지 갖춰져 있어 볼거리도 쏠쏠하다.

✚ 부여 백마강변

부여를 휘감아 돌며 흐르는 백마강변도 4월 중하순경에는 온통 유채꽃으로 뒤덮인다. 유채밭 규모는 약 5만 평이나 된다. 백제대교 아래에서 강변 바로 위에 조성된 구드래조각공원이 끝나는 지점까지 약 1.5km에 걸쳐 유채가 펼쳐져 있다. 강변을 산책하며 유채꽃 구경을 마치면 조각공원 끝에 자리한 구드래선착장에서 유람선을 타고 고란사에서 내려 부소산성을 돌아보는 것도 좋다.

✚ 창녕 낙동강변

낙동강변 둔치도 4월 중하순이면 유채 물결로 출렁인다. 이곳은 단일지대로서는 우리나라에서 가장 넓은 유채밭(6만5천여 평)이다. 강변을 따라 끝없이 펼쳐진 유채밭은 통일 염원을 담아 한반도 지도 모양으로 조성했다고 하는데 워낙 넓어 모양이 한눈에 들어오지 않는다. 강변을 노랗게 뒤덮은 유채는 낙동강을 가로지르는 남지철교와 어우러져 독특한 풍경을 자아내 강바람을 맞으며 드넓은 유채밭 사이를 걷는 맛이 좋다. 매년 4월 말에는 이곳에서 유채꽃축제가 열린다.

청산도

전남 완도항에서 배를 타고 45분가량 들어가는 청산도는 산, 바다, 하늘이 모두 푸르다 하여 이름 붙었으며 4월이면 특히 청보리와 유채꽃이 섬 전체를 뒤덮는 풍경이 아름답다. 온통 푸른빛으로 넘실대는 청산도항에 도착해 오른쪽 능선을 바라보면 낯익은 길이 눈에 띈다. 영화 〈서편제〉로 유명해진 돌담길이다. 슬로시티로 지정된 청산도는 돌담만으로도 충분히 아름답다. 우물이나 당산나무 아래에도 여지없이 돌담이 쌓여 있다. 슬로시티는 늘 바삐 움직이는 일상에서 벗어나 '느림의 미학'으로 재충전하자는 의미로 이탈리아의 작은 도시에서 시작되었다. 4월의 어느 봄날, 노란 유채꽃이 넘실대고 청보리가 춤추는 청산도 돌담길을 느릿느릿 걸으며 '느림의 행복'을 만끽해보는 것도 좋다.

제주 섭지코지

봄이 되면 제주도 선억은 유체꽃으로 화사하게 물든다. 섭지코지는 성산일출봉을 배경으로 노란 유채꽃이 어우러진 풍광이 일품이다. 부드러운 능선을 따라 넓게 펼쳐진 들판과 해안 절경을 함께 감상할 수 있다. 언덕을 오르다보면 위쪽으로는 넓은 들판이, 오른쪽으로는 깎아지른 검은 바위들이 장관을 이루며 절벽 끝자락에 좁은 산책로가 이어진다. 바다를 내려다보며 걷도록 한 오솔길을 따라 정상에 올라서면 넓은 들판에 샛노란 융단을 깔아놓은 듯 유채밭이 펼쳐져 있고 그 유채밭 너머로 성산일출봉이 한눈에 보인다.

튤립

남해 장평지

4월 중순 남해군 이동면 초음리 앞 도로(19번 국도) 변에 자리한 장평지에서도 튤립을 만날 수 있다. 장평지의 또 다른 이름은 다초지로, 온갖 꽃과 풀이 한데 모여 피는 곳이란 뜻이다. 아담한 저수지 주변에 오밀조밀 피어난 튤립과 노란 유채까지 어우러진 풍경이 이색적이다. 무엇보다 둥그스름한 저수지를 둘러싸고 브이(V) 자 형태와 물결 모양, 원형 모양으로 꾸며놓아 조형미가 돋보이며 오색튤립 꽃밭 산책로를 빙글빙글 돌아가며 걷는 맛이 있다. 작은 저수지 안에는 줄을 당겨 건너는 배노 봉통 띠 있디.

용인 에버랜드

국내 최대 규모의 테마파크인 에버랜드는 계절마다 다양한 축제 이벤트를 펼치는 곳으로 유명하다. 그중에서도 화려한 꽃 잔치로 사람들을 유혹하는 봄 축제인 '플라워 카니발' 기간 중 4월에는 화려한 튤립의 멋을 만끽할 수 있다. 튤립은 '에버랜드의 꽃'이라 불릴 정도로 이곳을 대표하는 봄꽃 중 하나다. 특히 파스텔톤의 그림 같은 집, 앙증맞은 풍차와 어우러진 포시즌스 가든에 피어나는 에버랜드 튤립은 유럽의 아름다운 정원에 들어선 것 같은 느낌이 들게 한다. 매년 3월 말부터 6월 초까지 이어지는 플라워 카니발 기간에는 화려한 퍼레이드와 함께 불꽃놀이, 레이저쇼 등이 다채롭게 펼쳐진다.

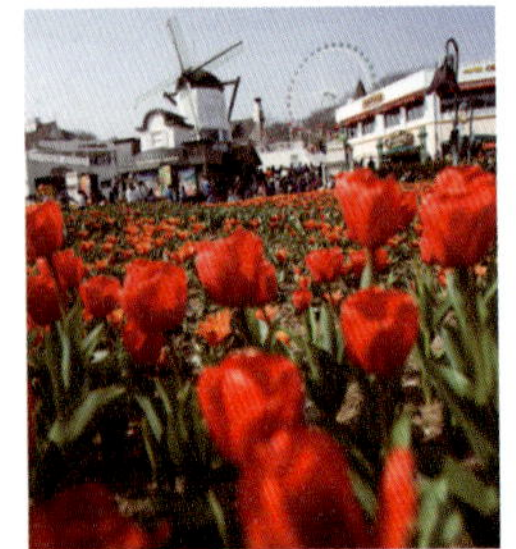

철쭉

+ 소백산 철쭉

충북 단양과 경북 영주 사이에 길게 뻗어 있는 소백산 능선에도 5월 하순이면 철쭉이 피어 꽃터널을 이룬다. 특히 비로봉 정상에서 국망봉, 신선봉, 연화봉 등으로 부드럽게 이어지는 능선을 따라 줄줄이 피어난 철쭉이 환상적인 분홍빛 스카이라인을 만든다. 겨울이면 하얀 눈을 머리에 이기 때문에 소백산이라 이름 붙고, 봄이면 붉게 물드니 소홍산이라 불러도 좋을 듯하다. 소백산 철쭉의 하이라이트는 사람들이 가장 많이 찾는 연화봉에서 정상인 비로봉을 잇는 4km 구간이다. 사람 키보다 높은 철쭉이 행렬을 이루는 가운데 이름 모를 야생화도 힘을 보태 그야말로 천상화원 그 자체를 보여준다. 철쭉이 만개하는 5월 말에는 소백산철쭉제가 열린다.

+ 덕유산 철쭉

전북 무주와 경남 거창에 걸쳐 있는 덕유산 또한 철쭉이 아름답기로 이름난 곳이다. 덕유산 정상인 향적봉에서 중봉을 거쳐 남덕유산으로 이어지는 약 20km의 능선을 따라 걷다 보면 사방이 확 트여 시원하고 웅장한 멋을 느낄 수 있다. 그 중 대표적인 철쭉군락지는 향적봉에서 1km 남짓 거리에 있는 중봉 일원이다. 5월 말이면 이곳은 분홍빛 철쭉과 함께 노란 원추리가 어우러져 화사하기 그지없다. 철쭉 산행은 대개 삼공리에서 백련사, 향적봉, 중봉, 오수자굴을 거쳐 다시 삼공리로 내려오는 코스를 이용한다. 삼공리에서 백련사까지 이어지는 6km 구간은 길이 완만한데다 구천동계곡을 따라 맑은 소와 담이 많아 쉬엄쉬엄 오르기에 좋다. 하지만 이 코스는 거리가 18km가량 되므로 긴 산행이 버겁다면 무주 리조트에서 향적봉 바로 밑에 위치한 설천봉까지 연결된 곤돌라를 이용해도 된다. 설천봉에서 향적봉까지는 도보로 15분 정도 걸린다.

+ 태백산 철쭉

강원도 태백산 정상 또한 5월 말이면 분홍빛으로 곱게 물들기 시작한다. 이곳의 철쭉은 특히 '살아 천 년, 죽어 천 년'을 간다는 주목과 어우러진 모습이 장관이다. 태백산 철쭉 산행은 대개 유일사 쉼터에서 시작해 정상인 장군봉을 거친 후 천제단을 넘어 당골로 내려오는 코스가 일반적이다. 이 코스는 완만한 길을 따라 오르다 약간의 가파른 코스만 넘어서면 부드러운 능선으로 누구나 부담 없이 오를 수 있다. 정상에 오르면 분홍빛 철쭉과 검붉은 주목이 어우러진 모습이 독특하고 천제단으로 향하는 길목에서는 거의 평지에 가까운 꽃밭 풍경이 이어진다. 꽃이 만개하는 5월 말, 6월 초에는 당골 광장에서 철쭉제가 열린다.

+ 연인산 철쭉

경기도 가평에 자리한 연인산은 부드러운 흙으로 이루어졌으며 이른 봄에서 늦은 가을까지 다양한 야생화가 피어나 일명 '꽃산'으로 불린다. 특히 5월 중순이면 부드러운 능선을 타고 피어나는 철쭉이 장관을 이뤄 수도권 꽃여행지로 인기가 높다. 연인산 철쭉은 장수봉과 우정봉, 매봉, 칼봉, 노적봉 등 해발 700m 이상 능선에 군락을 이뤄 자생하는데, 고지대로 올라갈수록 나무가 굵고 꽃의 색깔이 곱다. 철쭉 산행은 대개 북면 백둔리에서 장수고개, 장수능선을 거쳐 정상에 이르는 코스(6.5km)와 하면 마일리에서 우정고개, 우정능선을 거쳐 정상에 이르는 코스(6.15km)가 일반적이다. 반면 승안리 용추계곡에서 시작하여 청풍능선을 거쳐 정상에 이르는 코스(9km)는 다소 긴 편이다. 하지만 계곡을 따라 시원한 폭포와 아담한 소가 연이어 멋진 풍광을 빚어내기 때문에 일부러 찾는 이들도 많다. 꽃이 화사하게 만개하는 5월 중순에는 철쭉제가 열린다.

+ 한라산 철쭉

이른 봄 유채꽃으로 시작되는 한라산의 봄꽃 잔치는 4월 중순경 어리목과 성판악 일대를 수놓는 진달래 행렬에 이어 5월이면 철쭉이 바통을 이어받아 한라산 정상 일대를 온통 분홍빛으로 장식한다. 한라산은 높은 지대로 인해 철쭉은 다른 곳에 비해 조금 늦은 5월 말이 되어야 꽃망울을 터트리기 시작한다. 꽃이 필 무렵 한라산에서는 철쭉제례 행사를 펼치는데 한라산 철쭉제는 우리나라에서 가장 오래된 철쭉제로 꼽힌다. 한라산을 오르는 길은 성판악, 영실, 어리목, 관음사 코스 등 여러 개의 등산로가 있으며 그중 어리목과 영실 코스 구간에서 화려한 철쭉군락을 만날 수 있다.

+ 황매산 철쭉

경남 합천군 대병면 가회면과 산청군 차황면의 경계에 솟은 황매산. 주봉인 하봉, 중봉, 상봉의 산 그림자가 합천호 푸른 물에 잠기면 세 송이의 매화꽃이 물에 잠긴 모습과 같다고 하여 일명 '수중매'라고도 불리며 바래봉, 소백산과 함께 철쭉 3대 명산이라 일컬어진다. 황매산 철쭉은 대개 다른 곳보다 조금 일찍 피어나 5월 초순이면 만개한다. 황매산 철쭉의 멋을 제대로 볼 수 있는 곳은 황매평전이다. 산이 아닌 평지인 듯 넓은 초원이 온통 분홍꽃밭으로 펼쳐져 있다. 황매산은 철쭉뿐만 아니라 영남의 소금강이라 일컬을 만큼 뭉툭하게 솟아난 기암괴석이 매력적이다. 합천군 가회면 둔내리 덕만주차장에서 철쭉군락지까지는 도보로 1시간 남짓 걸린다. 산청군 영화주제공원에서부터 오르는 것도 무난하다. 철쭉이 만개하는 5월 초순경에 철쭉제가 열린다.

+ 일림산 철쭉

전남 보성군 웅치면과 장흥군 안양면 경계에 자리한 일림산은 국내 최대 규모의 철쭉군락지를 자랑한다. 100만 평에 이르는다는 일림산 철쭉밭은 평원을 연상시킬 만큼 고원 능선을 따라 광활하게 펼쳐져 있다. 이곳 철쭉은 어른 키보다 크고 색깔이 붉고 선명한 것이 특징이다. 일림산 철쭉 산행은 웅치면 용추계곡 주차장에서 출발해 골치사거리를 지나 정상으로 오르는 경우가 일반적이다. 주차장에서 정상까지의 거리는 3km 남짓이다. 주차장에서 나무다리를 건너 숲으로 접어들면 편백나무숲이 삼림욕장을 방불케 하여 걷는 맛이 좋다. 정상에서 내려와 골치사거리에 이르면 철쭉으로 이름난 사자산(3.4km)과 제암산(7.5km)으로 연결되는 길이 나 있다. 꽃이 만개하는 5월 초순에 철쭉제가 열린다.

+ 봉화산 철쭉

남원시 장수군과 경남 함양군 경계에 솟은 봉화산 또한 철쭉이 곱기로 이름난 산이다. 산자락 곳곳에 철쭉이 있지만 봉화산 제일의 철쭉군락지는 치재와 봉화산 정상의 중간 지점에 해당하는 꼬부랑재에서 치재로 이르는 1km가량의 능선 자락이다. 이곳 철쭉은 2m 정도의 높이로 꽃잎도 크고 화사한 것이 특징이다. 사람 키를 훌쩍 넘어서는 철쭉밭 사이로 한 사람 정도 지날 수 있는 좁은 길이 나 있어 양 방향에서 마주치면 누군가 한 사람은 비켜서야 하는 철쭉 터널을 따라 정상으로 올라가는 맛이 독특하다. 봉화산 철쭉의 만개 시기는 대개 5월 초순경이며 이즈음 봉화산 철쭉제도 열린다.

장미

+ 산청 산골마을

경남 산청군 신안면 갈전리마을 끝자락에 자리한 산골농장도 여름 초입이 되면 장미로 뒤덮인다. 11만 평에 달하는 농장 구석구석에 심은 장미는 1백여 종, 4만여 그루에 이른다. 깊은 산골에 들어선 산골농장의 주업은 양계장으로 축사에서 나는 계분 냄새를 희석시키기 위해 향이 짙은 장미를 심은 것이 계기가 되어 요즘은 장미 축제로 더 잘 알려졌다. 입구에 들어서 장미로 뒤덮인 왼쪽 산길을

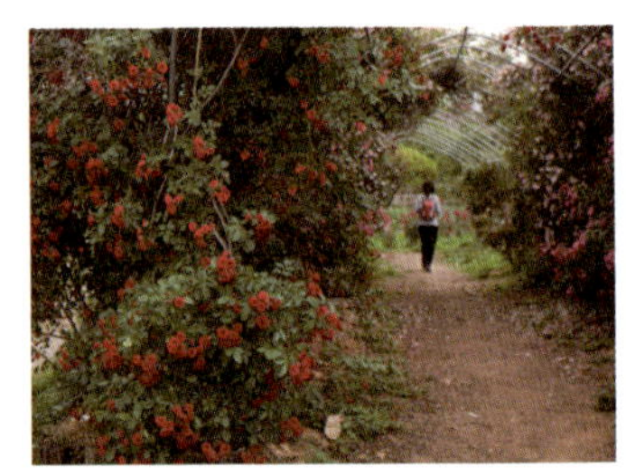

따라 오르다보면 장미와 돌, 나무가 어우러진 목석원을 지나 산중턱에는 다양한 조각품이 곳곳에 놓인 조각공원도 조성되어 있다. 조각공원을 돌아 내려가면 비닐하우스 온실 안에 다양한 형태의 소나무와 장미꽃 분재로 가득한 분재원을 만나게 된다. 여기서 올라온 길을 다시 내려오는 코스는 약 1km 정도다. 입구에서 다시 오른쪽 길로 올라가면 산살분수대와 정자 쉼터. 아담한 장미꽃 터널이 마련되어 있지만 양계장 바로 옆이라 계분 냄새가 좀 많이 난다. 장미화원 곳곳에는 야생화도 피어 있다. 장미가 질 무렵 야산 곳곳에서 주홍빛 나리꽃이 피어나기 시작한다. 수백만 송이의 장미가 꽃망울을 터트리는 5월 중순부터 6월 중순까지 '계란&장미 축제'를 개최한다.

✚ 조선대학교 장미원

2003년에 개장한 조선대학교 장미원은 의대 동문들의 모교사랑에서 출발했다. 공부에 지친 후배들에게 조금이나마 감성적인 분위기를 제공해 따뜻한 마음을 가진 전문인이 되기를 바라는 마음에서 조성된 꽃밭으로 장미원의 꽃송이 하나하나에는 후배사랑의 마음이 가득 담겨 있다. 늦은 봄부터 가을까지 세계 각국의 장미가 끊임없이 피어나는 조선대학교 장미원은 광주의 명소로 등장해 광주 시민이 꽃구경을 하거나 유치원생과 초등학생들의 견학 장소로 인기가 높다. 의과대학 앞 2,500여 평에 이르는 공간에 식재된 장미는 227종, 1만7천 주나 된다. 캠퍼스를 누비면서 다양한 색채와 모양의 장미를 한자리에서 감상할 수 있으며 가운데는 모나코 왕비 그레이스 켈리에게 봉헌된 '프린세스 드 모나코' 장미를 비롯해 20여 년 동안 세계 장미 콘테스트에서 1등을 차지한 장미들의 우아한 자태를 볼 수 있다. 매년 5월 하순에는 장미축제가 열려 다양한 행사가 펼쳐진다.

연꽃

✚ 부여 궁남지

서동요 설화로 잘 알려진 백제 무왕 35년(634년)에 만들어졌으며 우리나라에서 가장 오래된 인공연못이다. 기상 넘치는 자세로 말을 탄 계백장군 동상이 한복판에 자리하고 있는 군청 앞 사거리를 지나면 오른쪽으로 궁남지 이정표가 보인다. 이정표를 따라 500m 들어가면 궁남지다. 연못을 둘러싸고 5만여 평에 달하는 주변이 온통 연꽃밭이다. 7월 중순이면 백련, 홍련, 수련, 가시연 등 다양한 연꽃이 피어나 한 곳에서 꽃을 비교해가며 엿볼 수 있다. 아울러 연못한 가운데에 떠 있는 아담한 정자(포룡정)와 연못 가장자리 곳곳에

초가지붕의 파라솔과 아담한 벤치가 놓인 모습이 그림 같아 부여 연인들의 데이트 장소로 인기가 높다. 감미롭게 흘러나오는 음악소리를 들으며 연못을 돌다가 연못을 가로지르는 예쁜 구름다리를 건너 무왕의 탄생설화를 담은 포룡정에 앉아 잠시 휴식을 취해도 좋다. 매년 여름 충남 부여 궁남지에서 열리는 부여 서동·연꽃축제도 유명하다. 이 축제는 서동과 선화공주의 러브 스토리가 연꽃과 어우러져 있다. '꿈같은 연꽃 사랑이야기'를 중심으로 펼쳐지는 축제 기간에는 다양한 행사가 진행된다. 궁남지에서 돌아 나와 800m가량 걸으면 부여의 명물인 정림사지도 둘러볼 수 있다.

✚ 시흥 관곡지

경기도 시흥시 하중동에 자리한 관곡지는 조선 세조 때 조성된 연못이다. 가로 23m, 세로 18.5m의 작은 못이지만 조선 전기의 명신이자 농학자였던 강희맹이 명나라에서 가져온 연꽃 씨를 이곳에 심은 뒤 전국적으로 확산되었다. 이곳에서

피는 연꽃은 백련이며 빛깔이 희고 꽃잎은 뾰족한 것이 특징이다. 관곡지 연꽃은 7월 중순부터 피기 시작해 8월 중하순에 절정을 이룬다. 한때 관곡지를 중심으로 연이 왕성하게 퍼져 주변 지역을 '연성'이라고 부르기도 했지만 지금은 아담한 관곡지만이 그 명성을 이어가고 있다. 시흥시에서는 관곡지가 지닌 상징성과 역사성을 기리기 위해 관곡지 인근에 3만 평에 이르는 연꽃테마파크를 조성했다.

✛ 김제 하소백련지

전북 김제시 대청리에 자리한 청운사 하소백련지에서도 여름이면 고찰과 더불어 연꽃을 감상할 수 있다. 이곳의 연꽃은 청운사 주지인 도원스님의 소망에서 비롯됐다. 절 주변을 돌아보다 보니 젊은이들이 모두 떠나버린 농촌 생활이 너무나 활기 없고 각박해보여 안타까워하던 참에 어느 날 관세음보살이 나타나 아홉 송이의 백련을 건네주는 꿈을 꾼 뒤 절 앞에 아홉 송이 백련을 심은 것이 계기가 되어 마을 사람들과 함께 2만여 평의 백련지를 가꾼 끝에 지금의 명소가 되었다. 6월 말 꽃봉오리를 맺기 시작해 7월이면 순백의 꽃을 피우는 이곳 백련은 청백색이 감돌아 청아함이 돋보인다. 매년 7월 초부터 8월 중순 무렵에는 수려한 연꽃의 매력을 만끽할 수 있는 백련축제가 열린다. 축제 기간에는 인간문화재 탱화장인 도원스님을 비롯해 예술인들이 모여 공연과 전시, 문화행사가 펼쳐지고 백련축제가 있을 때에만 여는 백련음식 전문점 '수자타'에서 백련을 이용한 먹을거리 등을 맛볼 수 있다.

해바라기

✛ 보은 해바라기밭

속리산 국립공원 입구인 충북 보은군 탄부면 임한리를 지나는 25번 국도 변에도 여름이 무르익으면 10만여 송이의 해바라기들이 노란 얼굴을 한 채 사람들을 맞는다. 속리산을 찾는 관광객에게 아름다운 농촌 풍경을 선사하고 이 지역을 친환경 농업의 메카로 만들기 위해 보은군과 농지 주인들이 힘을 합해 조성한 해바라기 단지다. 넓은 해바라기밭 사이로 이어지는 25번 국도변은 1천6백여 그루에 달하는 대추나무 가로수길로, 해바라기가 피어나는 늦여름 끝에 빨갛게 영글어가는 가을길을 여는 곳이기도 하다. 해바라기길 산책만으로 아쉽다면 내친 김에 속리산 법주사를 둘러보고 법주사에서 세심정를 지나 문장대로 오르는 속리산 트래킹을 하는 것도 좋다.

✛ 고창 학원농장

전북 고창군 공음면 선동리에 자리한 공음학원농장은 봄이면 푸른 청보리밭이 장관을 이루고 여름이면 해바라기 꽃밭으로 변신해 사람들을 유혹한다. 부드럽고 완만한 능선을 따라 고개를 내민 1만 평 규모의 해바라기밭은 8월 말에 절정을 이루고 파종 시기를 조금씩 달리해 9월 중순까지도 볼 수 있다. 9월에 접어들면 10만 평에 달하는 넓은 들판에 메밀꽃이 피어나기 시작해 노란 해바라기와 하얀 메밀꽃이 어우러진 독특한 풍경을 연출한다. 드넓은 메밀밭과 해바리기밭 사이로 황토 구릉을 따라 산책로가 이어져 꽃길을 따라 걸을 수 있다.

코스모스

✚ 전남 곡성

전남 곡성군 석곡면 섬진강 기차마을 주변에도 9월이면 1만여 평의 코스모스밭이 펼쳐진다. 코스모스가 만개하면 감미로운 선율이 흐르는 가을 코스모스 음악회도 펼쳐진다. 코스모스가 일렁이는 강변을 산책한 다음 폐역사가 된 구 곡성역에서 철로자전거를 타는 재미도 쏠쏠하고 구 곡성역에서 가정 간이역까지 섬진강을 따라 구불구불하게 이어지는 구 철로를 따라 주억의 증기기관차를 타는 맛도 그만이다.

✚ 경남 하동 북천면

경남 하동군 북천면 직전리 남바구 들녘에 가을이 오면 파란 하늘 아래 울긋불긋 피어난 코스모스와 함께 안개가 깔린 듯 하얀 메밀밭이 어우러진 풍경이 눈길을 끈다. 이 지역은 한미 FTA(자유무역협정)로 인해 벼농사로는 수지타산이 맞지 않아 궁여지책으로 꽃을 심기 시작한 것이 알음알음 사람들의 발길을 끌어들이는 명소가 되었다. 6만여 평에 이르는 직전리 지역 꽃밭 중 가장 아름다운 코스모스 군락은 북천역 일대다. 고즈넉한 시골역 철길 양옆으로 흐드러지게 피어난 코스모스밭 사이로 펼쳐진 오솔길은 3km 정도다. 남바구 들녘까지 연결되는 코스모스길 끝에는 봉평 못잖은 메밀꽃밭이 펼쳐진다. 넓은 메밀꽃밭 사이로 산책로가 나 있고 군데군데 초가지붕 쉼터도 놓여 있다. 코스모스와 메밀꽃이 만개할 때는 '코스모스&메밀꽃 축제'도 열린다.

꽃무릇

✚ 영광 불갑사

신님 영광군 불갑면 불갑산 자락에 위치한 불갑사는 백제 침류왕 때 인도 승려 마라난타가 법성포로 들어와 처음으로 세운 적로, 9월이면 이 천년고찰도 빨간 꽃무릇으로 뒤덮인다. 불갑사 입구 주차장부터 얼굴을 내밀기 시작하는 꽃무릇은 공원처럼 말끔하게 조성된 넓은 잔디밭에 지천으로 피어 있다. 일주문을 지나 불갑산 호랑이 전설이 깃든 산자락에도, 절집 마당가에도 꽃무릇 천지다. 그 중에서도 불갑사 대웅전 뒤편, 저수지 주변이 가장 아름다운 꽃무

릇을 감상할 수 있는 포인트다. 저수지는 물론 저수지를 둘러싼 산비탈마다 흐드러지게 피어난 꽃무릇 물결이 가히 환상적이다. 저수지 주변의 호젓한 오솔길은 가벼운 산책코스로 좋고 저수지에서 해불암을 거쳐 정상에 오르는 불갑산 등산로 길섶에도 꽃무릇이 줄을 잇는다. 꽃이 무르익을 즈음 불갑사에서는 꽃무릇축제가 열린다. 축제 기간에는 불갑산 연실봉 정상까지 가을 정취를 함께하는 꽃길 등반대회를 비롯해 푸른 음악회, 소원성취 풍등 띄우기 등 다양한 행사와 전시회가 펼쳐진다.

+ 함평 용천사

불갑사와 인접한 전남 함평군 해보면 모악산 자락에 들어선 용천사 일대에서도 꽃무릇을 원 없이 볼 수 있다. 용천사를 중심으로 주변에 형성된 꽃무릇 군락지는 30만여 평이나 된다. 국내 최대 규모를 자랑하는 곳이다. 절집으로 들어서는 호젓한 도로변도 온통 빨간 꽃무릇길이다. 이곳 꽃무릇은 용천사 입구인 해보면 광암리 꽃무릇공원에 집중적으로 펼쳐져 있다. 꽃무릇공원은 광암리 마을 입구를 지나 광암저수지 입구에서 시작한다. 특히 저수지 둑을 빨갛게 수놓은 꽃무릇이 물속에서도 붉은 빛으로 넘실대는 모습은 어디서도 볼 수 없는 풍경이다. 공원 안에는 꽃무릇과 함께 벌개미취, 구절초 등 100여 종의 야생화도 더불어 피어나 아름다움을 더한다.

공원 안쪽에 자리한 용천사도 여기저기 꽃무릇 천지다. 나지막한 돌담 아래 살포시 얼굴을 내민 꽃무릇의 모습도 정겹고 돌담 너머 숲 자락에 무리지어 피어난 풍경도 마냥 예쁘다. 용천사 꽃무릇 군락지 중 절집 뒤편, 대숲 산책로. 푸른 왕대밭 아래에 융단처럼 깔린 꽃무릇 군락이 이색적이다. 용천사에서 불갑사까지 이어지는 등산로도 꽃무릇을 제대로 즐길 수 있는 코스다. 하나의 능선으로 이어진 모악산과 불갑산 자락에 위치한 두 절집 사이를 가로지르는 등산로는 4km 남짓이다. 빨간 꽃길 따라 이어진 오솔길을 걸어보는 것도 좋다. 매년 9월 중순경이면 용천사 일원에서도 꽃무릇 큰잔치가 열린다.

메밀꽃

+ 고창 학원농장

전북 고창군 공음면 선동리에 자리한 학원농장은 청보리밭으로 유명한 곳이지만 여름이면 해바라기 꽃밭으로 변신해 사람들을 유혹한 후 9월에 접어들면 10만 평에 달하는 넓은 들판에 피어난 메밀꽃이 또 다른 풍경을 안겨준다. 끝없이 펼쳐진 가을 들녘, 바람이 불 때마다 허리께까지 올라올 만큼 불쑥 자라난 메밀대가 이리저

리 고개를 숙이면서 하얀 물결을 이루는 메밀밭 사이로 들어서면 마치 몽글몽글한 구름밭을 걷는 느낌이다. 바람에 실려 오는 메밀풀 냄새와 구수한 흙냄새가 코끝을 스치면 그 풋풋함에 가슴까지 싱그러워진다.

＋ 보은 구병리마을

충북 보은군 속리산면에 속한 구병리는 구병산 자락에 폭 파묻힌 아늑한 산골마을이다. 그 지형이 소의 자궁과 같다 하여 우복동으로 불리기도 하는 이 작은 산골마을도 9월이면 하얀 메밀꽃으로 뒤덮인다. 구불구불 산자락을 따라 펼쳐진 메밀밭은 2만여 평이다. 규모는 그리 크지 않지만 삼가저수지 위에 자리한 마을을 둘러싼 메밀밭 풍경이 아기자기하고 포근한 느낌이다. 마을 입구부터 구병산 등산로까지 코스모스길을 조성해 가을의 정취를 물씬 느낄 수 있다. 2004년 아름마을로 선정된 마을 안에는 문화관, 펜션, 황토 찜질방, 울창한 송림원도 조성되어 있다. 꽃이 만개하는 9월 중순에는 메밀꽃축제가 열리는데 이 기간에는 마을로 들어서는 좁은 길을 차량이 가득 메워 다소 복잡하다.

구절초

＋ 임실 옥정호

섬진강댐이 조성되면서 생겨난 거대한 인공호수 옥정호. 매년 가을이면 옥정호 상류 지점을 감싸고 있는 아담한 산자락에 비밀의 화원이 열린다. 전북 정읍시 산내면 매죽리 망경대 일대 야산에 조성된 '구절초 테마공원'이 그 주인공이다. 이곳은 특히 울창한 소나무숲 틈새를 하얗게 메운 구절초 모습이 독특하다. 푸른 소나무와 하얀 구절초의 만남은 보는 것만으로도 싱그럽다. 이른 아침, 소나무 사이로 맑은 햇살이 스며들면 구절초의 하얀빛은 더욱 도드라져 보인다. 여기에 옥정호의 물안개가 밀려들면 소나무와 어우러진 구절초 꽃밭은 몽환적인 느낌마저 든다. 그야말로 비밀의 화원을 누비는 기분이다. 소나무숲 속에 꾸며진 구절초밭의 규모는 약 1만8천 평이다. 꽃밭 사이로 걷기 좋은 산책로가 요리조리 나 있어 가을의 향기를 만끽하기에 금상첨화다. 꽃이 만개할 때 축제도 열린다. 축제 기간에는 국악, 클래식 등 다양한 음악회도 열리고 지역 주민들의 향토음식을 맛볼 수 있는 먹을거리 장터와 농특산물 직거래장터도 펼쳐진다.

＋ 포천 평강식물원

경기도 포천시 영북면 산정리에 자리한 평강식물원도 가을이면 그윽한 구절초 향기가 식물원을 가득 메운다. 가을이 무르익으면 이곳은 포천에서만 자생하는 포천구절초와 한라산에서만 자라는 한라구절초 등이 암석원, 들꽃동산, 습지원 등 12개의 테마가든 곳곳에서 군락을 이룬다. 구절초뿐만 아니라 쑥부쟁이, 개미취, 미역취, 감국, 산국 등 우리 산야 곳곳에서 피어나는 소중한 우리의 들국화를 다양하게 볼 수 있는 것이 특징이다. 매년 9월 말부터 10월까지 '들국화와 함께하는 추억 여행'의 의미를 담아 들국화축제도 열린다. 축제 기간에는 우리 꽃의 소중함을 알리는 들국화 사진전과 시화전을 비롯해 국화차 만들기 및 시음회, 손수건 꽃물 들이기, 전통놀이 체험 등이 펼쳐진다.

억새

+ 영남알프스 사자평고원&신불평원

영남알프스는 밀양, 청도, 울산에 모여 있는 해발 1,000m 이상인 재약산, 신불산, 취서산 등 7개 산군이 유럽 알프스의 풍광과 버금간다는 뜻에서 붙여진 이름이다. 이곳은 풍광도 수려하지만 특히 억새가 이색적이다. 이 중 재약산 수미봉에서 사자봉 일대 능선을 따라 100만 평의 초지 위에 펼쳐진 사자평고원은 우리나라 최대의 억새군락지로 꼽힌다. 또한 신불산에서 취서산으로 이어지는 능선(4km)을 따라 펼쳐진 신불평원 또한 국내 억새평원 중 손꼽힌다. 사자평고원의 억새밭이 넓다고 하지만 능선을 따라 이어지는 억새평원은 신불평원이 더 볼만하다. 이곳의 억새는 키가 작아 멀리서 보면 마치 잔디밭 같다. 때문에 민둥산 억새처럼 바람에 일렁이는 모습은 보기 어렵지만 억새 사이에 잡풀이 거의 없는 깔끔한 평원이 가슴을 시원하게 해준다.

+ 전남 장흥 천관산

전남 장흥에 소재한 천관산은 호남 5대 명산 중 하나로 기암괴석과 아울러 정상인 연대봉에서 구정봉까지 능선을 따라 이어진 10리길이 억새로 넘실대는 아름다운 억새 군락지로 유명하다. 남쪽과 동쪽이 바다로 에워싸인 이곳은 가을이면 온산이 억새로 뒤덮이는 아름다움과 함께 그림 같은 다도해의 풍광을 동시에 굽어볼 수 있다. 특히 바람이 불 때마다 무릎 아래에서 살랑대는 난쟁이 억새가 인상적이다. 천관산 억새는 10월 중순부터 말경 사이에 절정을 이루는데 이즈음 해질 무렵의 억새밭 풍경이 그만이다. 억새밭 산행은 장천재에서 금강굴~구정봉~억새능선~연대봉~정원석~다시 장천재로 하산하는 원점 회귀형 코스가 일반적이며 5시간 정도 소요된다.

+ 경기도 포천 명성산

경기도 포천군과 강원도 철원군 경계에 솟아 있는 명성산은 산정 호수와 어우러져 계절별로 운치가 가득하지만 뭐니뭐니 해도 가을철 억새 산행지로 유명하다. 명성산 억새군락지는 삼각봉의 9부 능선에 펼쳐져 있다. 산정호수 뒤편으로 이어지는 등산로 초입에는 넓은 바위를 타고 부드럽게 흘러내리는 비선폭포가 있고 비선폭포에서 2km 더 올라가면 수직으로 깎아지른 듯한 바위를 타고 2단으로 떨어지는 등용폭포도 볼 수 있다. 그 옆이 억새밭으로 가
는 길이다. 비교적 평탄한 길을 따라 1.2km가량 올라 정상 부근에 오르면 나무는 없고 어느새 사람 키보다 높은 억새가 양옆에 펼쳐져 장관을 이룬다. 특히 완만한 경사를 이루며 억새로 뒤덮인 정상에 오르면 오성산과 백암산, 광덕산, 백운산과 국망봉이 한눈에 보인다. 삼각봉 정상에서 자인사를 거쳐 내려오는 코스는 9km 정도 된다.

✛ 서울 상암동 하늘공원

서울 상암동 월드컵경기장 맞은편에 자리한 하늘공원도 가을이면 은빛 억새물결로 일렁인다. 해발고도 98m에 위치하며 지그재그로 이어진 521개의 나무계단으로 올라간다. 오를 때마다 월드컵경기장과 한강변을 가로지르는 다리, 서울 시내가 서서히 드러난다. 계단을 올라 이어지는 공원 입구에는 잠자리, 풍뎅이 등 곤충의 모형이 있는데 낮에는 아기자기하지만 해가 지면 은은한 조명이 켜져 동화 속 풍경처럼 신비롭다. 하얀 억새로 뒤덮인 하늘공원의 규모는 약 5만 평이다. 이곳에서는 서울 시내의 건물은 보이지 않고 서울을 감싸고 있는 산자락만 보여 도심 한복판이라는 것을 잠시 잊게 된다. 바람에 하늘거리는 억새와 풍력발전기 돌아가는 모습도 이국적이다. 공원 남쪽 끝에 전망대가 있는데 해질 무렵 이곳에서 바라보는 노을이 멋지다.

단풍

✛ 내장산

전북 정읍, 순창군과 전남 장성군에 걸쳐 있는 내장산은 단풍이 아름다워 가을산이라고도 한다. 때문에 이곳은 산행보다 단풍관광 코스로 더 인기가 높다. 내장산의 단풍잎은 잎이 얇고 작은데다 빛깔이 고운 것이 특징으로 모양이 갓난아이 손바닥 같다 하여 일명 '애기단풍'으로 불린다. 가을이면 온통 선홍빛 단풍으로 지천을 물들이는 내장산은 찾는 이의 가슴에 진한 추억을 남기기에 충분하다. 내장산은 산 자체의 단풍보다는 주차장에서 내장사에 이르는 단풍 터널을 으뜸으로 친다. 내장산 최고봉인 신선봉(763m)을 비롯해 서래봉, 까치봉, 장군봉 등 아홉 개의 웅장한 봉우리에 폭 파묻힌 내장사의 모습이 신비롭다. 매표소를 거쳐 우화정을 지나면 일주문이 있고 그곳에서 내장사 입구까지 붉디는 터널을 이루는 단풍나무 통로가 내장산의 명소다. 아치형의 빨간 통로를 지날 때면 묘한 황홀감에 빠져든다. 등산을 즐긴다면 일주코스(13.8km)가 제격이지만 오래 걷는 것이 버겁다면 일주문에서 탐방로를 따라 백련암, 원적암을 둘러보는 산책 코스(3.6km)가 좋다. 단풍 터널이 절정에 달하는 10월 말에서 11월 초순에는 관광객이 동시에 몰려 가급적 주말은 피하는 것이 좋다.

강천산

전북 순창군과 전남 담양군을 가르고 있는 강천산은 내장산과 더불어 전북의 단풍을 대표하는 명산이다. 높이는 584m로 아담하지만 순창 사람들은 섬진강 너머에 있는 지리산보다 강천산을 더 자랑스럽게 여긴다. 규모에 비해 깊은 계곡과 병풍처럼 둘러친 기암절벽 등이 산의 이름값을 높여주기 때문이다. 특히 가을에는 매표소에서 구름다리까지 이어지는 단풍 산책길이 인기가 높다. 평탄하게 다져진 흙길 옆으로 흐르는 강천천은 붉은 융단을 깔아놓은 양 빨간 애기단풍으로 뒤덮인 모습이 한 폭의 그림 같다. 한 사람

정도 지나갈 수 있는 구름다리(지상에서 50m)를 지나는 맛도 짜릿하다. 철제다리인데도 중간쯤 서면 흔들려 다리가 후들거릴 만큼 아찔하지만 오히려 그 스릴감에 두세 번씩 오가는 사람들도 많다. 강천산의 단풍은 대개 10월 말부터 11월 초순에 절정을 이룬다.

지리산 피아골

지리산 남동부에 위치한 피아골 단풍은 노고단 운해, 반야봉 낙조, 벽소령 명월 등과 함께 지리 10경 중 하나로 지리산의 가을을 대표한다. 피아골 단풍은 온산을 핏빛으로 물들인 듯 강렬한 인상을 안겨줘 조선시대 유학자 조식 선생은 "피아골 단풍을 보지 않은 사람은 단풍을 보았다고 말하지 말라"라고 말했을 정도다. 피빛보다 붉다고 하는 피아골 단풍은 연곡사부터 주릉을 향해 40여 리에 이어지지만 그 가운데 피아골 입구 직전 부락에서 연주담~통일소~삼홍소까지 1시간 거리 구간이 특히 빼어나다. 이곳은 산도 붉고 물도 붉게 비치며, 사람도 붉게 물든다고 하여 삼홍(三紅)의 명소로 친다. 온 산이 붉게 타서 산홍이고, 단풍이 맑은 담소에 비춰서 수홍이며, 그 품에 안긴 사람도 붉게 물들어 보인다 해서 인홍이라는 것이다. 또한 남원~정령치~성삼재~실상사에 이르는 지리산 종단도로는 우리나라 고갯길 중 가장 높은 곳(1,130m)으로 단풍숲의 극치를 볼 수 있다. 반야봉, 토끼봉, 형제봉, 촛대봉, 제석봉, 천왕봉 등 여러 봉우리에 오르면 발밑으로 깔리는 구름 사이로 언뜻언뜻 보이는 단풍이 신비감을 더한다. 지리산 단풍은 10월 중순 불붙기 시작해 11월 초에 절정을 이룬다.

주왕산

경북 청송군과 영덕군에 걸쳐 있는 주왕산은 수많은 암봉과 깊고 수려한 계곡이 빚어내는 절경으로 이루어진 우리나라 3대 암산 중 하나다. 주왕산은 밖에서 보면 거대한 바위로 둘러져 있어 우락부락하고 험해 보이지만 안으로 들어설수록 부드럽고 포근한 느낌이 든다. 오르는 코스도 비교적 평탄해 등산이라기보다 가볍게 트래킹하기에 좋다.
매표소를 지나자마자 사찰(대전사) 뒤로 우뚝 솟은 바위가 병풍처럼 둘러져 있어 아늑함을 안겨주며 뛰어난 자연 경관을 간직한 곳이 많다. 청학과 백학이 살았다는 학소대, 앞으로 넘어질 듯 솟아오른 절벽이 금세 무너질 것 같아 긴장감을 주는 급수대, 주왕의 아들과 딸이 달구경을 하였다는 망월대, 연이어 나타나는 폭포 등 탐방객을 매료시키는 곳이 곳곳

에 널려 있다. 가을이면 특히 바위틈을 비집고 나온 나무들이 발그 스름하게 물들인 모습이 이색적이다.

이 중 주왕산 절경의 백미로 꼽는 곳은 학소대에서 제1폭포에 이르 는 구간이다. 특히 학소교 건너 제1폭포에 이르는 나무데크길은 걸 음을 옮길 때마다 펼쳐지는 기암괴석들이 감탄사가 절로 나올 만큼 아름다운 풍경을 자랑한다. 제1폭포에서 800m가량 오면 오른쪽으 로는 표주박 모양의 제2폭포, 왼쪽으로는 병풍처럼 넓게 퍼져 흐르 는 제3폭포가 연이어 나타나며 제각각의 모습을 뽐낸다.

제3폭포에서 1km 더 올라가면 아늑한 분위기의 내원마을이 나온 다. 억새풀이 우거진 평지에 놓인 작은 숲속 마을 같은 분위기로 곳 곳에 놀담민 덩그마니 남은 집터가 여기저기 놓여 있다. 내원마을 에서 안쪽으로 좀더 들어가면 '자연을 사랑하는 사람들'이란 쉼터가 있다. 차도 마시고 시원한 막걸리와 함께 간단한 요기도 할 수 있는 곳으로 트래킹 끝에 잠시 휴식을 취하기에 좋다.

+ 계룡산

충남 공주시와 논산시, 대전광역시에 걸쳐 있으며 20여 개의 봉우리로 이루어진 능선이 닭볏을 쓴 용과 같다 하여 이름 붙었다. 주봉인 천황봉과 연천봉, 삼불봉, 관음봉, 형제봉 등의 산줄기 곳곳에 기암절벽과 층암절벽이 울창한 수림과 어우 러져 있다. 계룡10경 중 제6경이라는 갑사계곡은 '춘마곡 추갑사(봄에는 마곡계곡, 가을에는 갑사계곡)'라는 말이 날 정도로 가을단풍이 빼어나다. 특히 '5리 숲'이라 일컫는 갑사 진입로와 계룡산 용문폭포 주위의 단풍이 일품이다. 갑사~용문폭 포~금잔디고개~남매탑~동학사 코스(2.7km)는 길이 완만해 걷기에 좋고 갑사~연천봉~전망대~은선폭포~동학사 코 스(2.4km)는 다소 가파르지만 경치가 빼어나다. 계룡산 단풍은 10월 하순에 절정을 이룬다.

+ 대둔산

충남 논산과 전북 완주에 걸쳐 있는 대둔산은 정상인 마천대(878m)를 비롯하여 사방으로 뻗은 산줄기가 어우러져 있다. 단풍 구경과 함께 허공에서 흔들거리는 구름다리의 스릴을 느껴보고 싶다면 이곳을 견줄 만한 산이 없다. 케이블카를 타 면 650m 고지의 금강구름다리 아래까지 올라갈 수 있다. 기암 봉우리들 사이에 걸려 있는 구름다리를 건너며 내려다보 는 단풍과 낙조는 그야말로 장관을 이루다. 대둔산 단풍은 대개 10월 말에 절정을 이룬다.

+ 덕유산

무주리조트 내에서 케이블카(곤돌라)를 타면 가을 단풍에 싸인 덕유산 줄기를 따라 금세 설천봉(1,525m)까지 오를 수 있 다. 설천봉에서 정상인 향적봉(1,614m)까지는 도보로 20분 거리다. 길이 완만하여 노약자도 쉬엄쉬엄 오르기에 좋다. 단풍 정취를 즐기며 정상에 오르면 적상산, 마이산, 지리산, 무등산 등 주변 산들을 한눈에 볼 수 있는 파노라마 조망이 빼어나다. 덕유산 단풍은 10월 초순에 물들기 시작하여 10월 하순에 절정을 이룬다.

+ 두륜산

한반도의 가장 남쪽 끝에 있는 두륜산(703m)은 가장 늦게 단풍이 찾아드는 곳이다. 주차장에서 사찰에 이르는 2km의 경내 도로 좌우에는 절경을 이루는 계곡이 이어지고 수려한 나무들이 울창한 터널을 이루고 있어 깊은 인상을 남긴다. 산행코스가 험하지 않아 2~3시간이면 정상에 오를 수 있지만 케이블카로 올라도 된다. 정상에는 계단식 산책로가 이어지고 고개봉 전망대에서는 늦단풍의 절경과 남해바다와 함께 신안 앞바다에 점점이 떠 있는 다도해의 풍경을 조망할 수 있다. 두륜산 단풍은 대개 10월 말에 물들기 시작하여 11월 초중순에 절정을 이룬다.

+ 국립수목원

경기도 포천시 소흘읍 직동리에 위치한 국립수목원은 국내 최대 규모의 생태 숲으로 알려져 있다. 이곳은 그 어느 때보다 가을의 끝자락이 아쉬운 듯 한줄기 바람에 단풍잎들을 조심스럽게 털어내는 만추의 숲 풍경이 그림 같다. 숲 보전을 위해 하루 입장객을 5천 명 이하(토요일은 3천 명, 주차 불가)로 제한해 어느 곳에서보다 호젓한 숲의 향기를 맡을 수 있다. 넓은 수목원 안에는 다양한 분위기의 산책로가 연결되어 있어 산책 코스로도 인기가 높다. 관람 요령은 따로 없지만 대개 정문을 지나 습지원~만목원~관상수원~수생식물원~맹인식물원~화목원~관목원~난대식물원(온실)~산림박물관~활엽수원~침엽수원~육림호~방문자센터로 난 산책로를 따라 가는 것이 무난하다. 이렇게 돌아보는 데 보통 2시간 정도 걸린다. 산책로를 걷다 보면 통나무를 엮어 만든 구름다리, 두

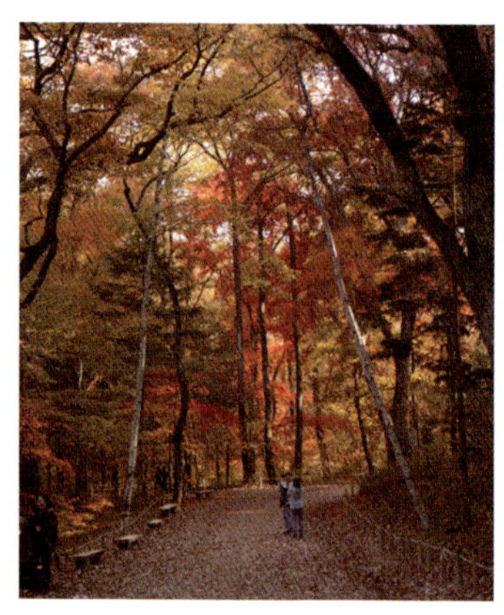

사람이 오붓하게 건너기에 좋은 오작교, 산림의 역사와 세계의 임업 현황 등을 일목요연하게 볼 수 있는 산림박물관, 육림호 주변에 조성된 '숲 생태관찰로' 등 관람자를 위해 세심하게 배려한 흔적을 곳곳에서 엿볼 수 있다. 특히 오작교를 건너면 우리나라 지형을 본 떠 만든 연못 속에 조성한 수생식물원과 맹인식물원이 차례로 이어지는데 이 길목에 쌓인 낙엽이 가장 운치 있다. 잠시 벤치에 앉아 그 운치 있는 풍경을 음미하다 포근한 난대식물원에서 싱그러운 풀의 향기를 흠뻑 들이키는 것도 좋다. '숲 생태관찰로'도 수목원에서는 빼놓을 수 없는 명소다. 울창한 숲 사이로 조성된 운치 만점의 나무판 오솔길(462m)을 걷다 보면 70여 종의 희귀수목과 다양한 야생화도 있다. 숲 생태관찰로를 벗어나면 잔잔한 물빛에 수목원의 멋진 풍광을 은은하게 비춰내는 아담한 호수, 육림호가 나온다. 구름다리를 건너 호숫가를 따라 한 바퀴 돌며 시원한 약수를 한 잔 들이키는 것도 좋다.

✛ 양재 시민의 숲

단풍 산행을 미처 떠나지 못했다면 서울 도심 속에 자리한 양재 시민의 숲에서도 단풍의 정취를 맛볼 수 있다. 설악산이나 내장산의 화려한 단풍에는 미치지 못하지만 단풍나무를 비롯해 은행나무, 갈참나무 등 다양한 나무들로 뒤덮인 넓은 숲속에서 무르익은 가을의 멋을 느끼기에 손색이 없다. 시민의 숲 초입에는 윤봉길 의사의 일대기와 업적을 엿볼 수 있는 윤봉길 의사 기념관이 자리하고 있다. 기념관을 바라보며 왼편으로 윤봉길 의사의 동상이 있고 그 뒤로 넓은 숲이 펼쳐져 있다. 숲 안에는 놀이터와 쉼터, 원두막, 맨발공

원, 분수대, 아담한 하천 등이 조성되어 아기자기한 분위기가 물씬 풍겨난다. 곳곳에 벤치도 많아 단풍과 낙엽으로 덮인 숲길을 걷다 쉬어 가기에도 좋다. 특히 시민의 숲 안쪽에 자리한 문화예술공원으로 들어서면 빨간 단풍이 유난히 돋보인다. 빨간 이파리에 햇살을 듬뿍 받으니 땅에 비친 그림자도 온통 빨간빛으로 물들어 있다. 위를 쳐다봐도 땅을 쳐다봬도 온통 붉은빛 일색이다. 빨간 단풍나무 단지 옆에는 은행나무들이 단풍잎에 질세라 바닥을 온통 노랗게 물들인다. 문화예술공원 안에는 기발한 형태의 조각품들도 여기저기 놓여 있고 영어체험공원인 앨리스파크의 독특한 조형물도 덤으로 볼 수 있다. 아울러 안쪽으로 더 들어가면 쭉 뻗은 메타세쿼이아길이 펼쳐져 도심에서는 좀처럼 볼 수 없는 이국적인 풍경을 안겨준다.

은행나무

✛ 영주 부석사

병풍처럼 둘러쳐진 소백산맥 자락에 묻혀 아늑함을 자아내는 경북 영주도 가을이 무르익으면 삼원색의 물결이 거리를 수놓는다. 파란 가을 하늘, 그 밑에서 탱글탱글 익어가는 빨간 사과, 여기에 부석사를 둘러싼 은행나무 숲길마저 노랗게 물들면 그야말로 화려한 색의 향연이 펼쳐진다. 한 걸음 한 걸음 들어서면 바람이 불 때마다 황금빛 소나기처럼 쏟아져 내리는 은행잎의 모습이 인상적이다. 의상대

사가 신라 문무왕 때(676년) 창건한 부석사는 불국사에 이어 우리나라에서 두 번째로 국보(무량수전을 비롯해 다섯 점)를 많이 지니고 있는 보물 같은 사찰이다. 아울러 건축 전문가들에게 가장 뛰어난 우리나라 건축물을 꼽으라면 언제나 1위를 하는 것이 바로 부석사다. 건물을 구성하는 목재 자체가 장식이라 할 만큼 화려하진 않지만 내부 공간을 최대한 활용하여 맛깔스러운 분위기를 자아낸다. 빛날 화(華) 자 형태로 오밀조밀 배치된 부석사의 건물 구조는 극락세계에 도달하는 과정으로 꾸몄다고 하니 무량수전까지 올라가는 과정 자체가 극락의

세계로 발을 들여놓는 셈이다.

✚ 삼청동 길

청와대와 경복궁 사이에 위치한 삼청동은 청와대 인접 지역이라는 특성으로 인해 그간 개발 제한 구역으로 묶인 것이 지금은 오히려 수십 년 전의 향수가 묻어나는 이색적인 명소가 되었다. 과거와 현재가 공존하고 고전적인 전통미와 모던한 서양미가 절묘하게 어우러진 풍경은 언제 봐도 독특한 멋을 자아내지만 특히 가을의 끝자락, 11월의 삼청동 거리는 온통 노란 은행잎으로 뒤덮인다. 늦가을, 삼청동 은행나무길의 멋은 경복궁 앞에서부터 시작된다. 경복궁 돌담길에 늘어선 가로수도 멋스럽지만 이즈음이면 길 건너편, 노랗게 물든 은행나무의 멋을 따라가기는 버거워 보인다. 금호미술관, 갤러리 현대, 국제 갤러리 등 세련된 갤러리들이 늘어선 길을 따라 안쪽으로 더 들어가면 청와대 길과 갈라지는 경계에 위치한 진선북카페를 시작으로 삼청동 특유의 모습이 드러나기 시작한다.

✚ 덕수궁 돌담길&정동길

덕수궁 돌담길은 늦은 가을날 돌담길을 따라 은행잎이 노랗게 물들고 한줄기 바람에 우수수 떨어질 때 걷는 맛이 일품이다. 저녁이 되면 길을 따라 바닥에서 은은하게 빛을 발하는 조명이 운치를 더한다. 서울시청 앞, 덕수궁 대한문 입구 왼편에서 시작되는 덕수궁 돌담길로 들어서면 가로수 사이로 요리조리 휘어지는 차도도 멋스럽다. 돌담길을 따라 걷다 보면 돌담이 휘어지는 아담한 광장 앞에 고풍스러운 정동교회와 시립미술관(월요일 휴관)도 있다. 특히 미술관 3층에 자리한 카페테리아는 창밖으로 호젓한 덕수궁 돌담길 전경이 한눈에 들어와 작품을 감상한 후 차를 마시며 여유를 즐길 수 있다. 정동교회를 지나 이화여고 방면으로 가는 길목에는 은행나무가 빽빽히 들어서 있다. 나무에 대롱대롱 달려 있는 이파리와 하나둘 떨어진 이파리가 어느새 거리를 노랗게 물들인 풍경이 제법 낭만적이다. 길게 이어진 학교 담장에는 '도시가 작품이다'라는 주제로 그려진 꽃벽화로 가득하다. 아울러 이화여고 정문 맞은 편 언덕으로 올라가면 구 러시아공사관이 나온다. 명성황후 시해사건 이후 고종이 세자와 1년간 피신했던 곳이며 구한말 열강들의 세력 다툼 속에 우리의 슬픈 역사를 반영하는 건물이다. 1890년 르네상스풍으로 지어진 2층 벽돌 건물이었지만 한국전쟁으로 건물이 대부분이 파괴되고 현재는 3층 규모의 탑과 지하층 일부만 남아 있다.

서울 속의 작은 유럽을 연상케 하는 신사동 가로수길은 지하철 3호선 신사역 8번 출구로 나와 100m가량 걸어오면 왼쪽으로 쭉 이어진다. 90년대 말, 2000년대 초반까지만 해도 수십 개의 화랑들이 몰려 있어 한때 '갤러리 골목'으로 불리기도 했지만 경기 침체로 인해 대부분의 화랑들이 문을 닫거나 빠져나간 후 작은 옷가게와 카페들만이 간간히 자리한 평범한 거리였다. 그러던 것이 몇 년 전부터 저마다 개성이 돋보이는 패션숍과 인테리어숍, 와인바, 유럽형 노천카페 등이 속속 생겨나면서 이제는 신세대 젊은이들의 대표적

인 명소로 이름이 나기 시작했다. 이 거리도 늦가을에 접어들면 노랗게 물든 은행나무들이 거리의 멋을 한층 돋워준다. 왕복 2차선 좁은 도로를 따라 은행나무가 빽빽이 들어차 있어 바람이 불때마다 우수수 흩날리는 은행잎이 제법 운치 있다. 다닥다닥 붙어 있는 상점들은 이국적 분위기가 물씬 풍겨 파리나 뉴욕의 뒷골목을 옮겨놓은 듯하다. 거리를 가득 메운 상점마다 아기자기하고 독특한 디스플레이가 돋보여 눈요기만으로도 즐겁다. 벽면 곳곳에는 신선하고 기발한 그림들도 많다. 일요일이면 가로수길 곳곳에서 벼룩시장도 열린다. 700m 정도 이어지는 보도는 폴리우레탄을 깔아놓아 폭신폭신해 걷기에 편안하다. 어느 가을날, 은행잎이 수북하게 쌓인 길을 타박타박 걷다 문득 노천카페에 앉아 커피 한 잔을 마시며 잠시나마 가을의 향기를 느껴보기에 좋은 곳이다.

갈대

고천암호는 55만 평에 이르는, 국내 최대 규모의 갈대밭이다. 〈살인의 추억〉, 〈청풍명월〉, 〈서편제〉 등 영화에도 심심찮게 등장했다. 해마다 늦가을 무렵부터 철새들이 무수히 날아와 새들의 낙원으로 변신한다. 동이 틀 무렵 겹겹이 펼쳐진 산등성 뒤로 떠오르는 해가 빛에내는 여명으로 발그스름하게 물드는 호수의 모습은 한 폭의 그림 같다. 저녁노을로 붉게 타오르는 오수 또한 장관을 이룬다. 고천암호를 둘러싸고 6km가량 이어진 제방도로는 산책길로

도 그만이다. 한쪽에는 넓은 논이, 맞은편에는 고천암호를 가득 메운 갈대밭이 펼쳐져 보기만 해도 가슴이 탁 트인다. 초입에는 갈대밭에 가려 머리만 내밀던 호수도 제방둑 안으로 들어가면 제법 넓게 펼쳐진다. 바람이 불면 이리저리 고개를 숙이며 토해내는 갈대들의 합창소리가 귀를 시원하게 해주고 바람 한 점 없는 날에는 마치 다리미로 다린 듯 매끈한 호수의 수면이 눈을 맑게 해준다.

충남 서천군과 군산시가 마주한 금강 하구에 위치한 신성리 갈대밭은 순천만, 해남 고천암호 갈대밭과 더불어 우리나라에서 손꼽히는 갈대 군락지 중 하나다. 폭 200m, 길이 1.5km에 달하는 넓은 갈대밭이 보여주는 서정적인 멋은 어디에 내놓아도 손색이 없다. 영화 〈공동경비구역 JSA〉 촬영지로도 유명하며 초겨울 무렵이면 하늘을 까맣게 뒤덮으며 환상적인 군무를 펼치는 가창오리들도 볼 수 있다. 갈대밭 안으로 들어서면 갈대숲길이 나 있다, 그 안에는 낮은 평상, 높은 평상, 초가집쉼터, 흔들다리, 나무다리, 아치형

다리 등이 아기자기하게 꾸며져 있고 오솔길 곳곳에 이름난 시인들의 시도 걸려 있어 읽어가며 걷는 재미도 좋다.

+ 시화호 갈대습지공원

경기도 안산시 상록구 사동에 위치한 시화호 갈대습지공원은 물막이공사로 인한 수질오염으로 말도 많고 탈도 많았던 시화호의 수질 개선을 위해 한국수자원공사가 만든 인공습지다. 시화호로 유입되는 반월천, 동화천, 삼화천 등에 갈대밭을 비롯해 각종 수생식물을 심어 조성한 공원의 규모는 31만4천여 평이나 된다. 한때 오염단지라는 오명을 씻고 이제는 조류, 어류, 야생동물의 서식지인 생태공원으로 거듭났다. 드넓은 갈대밭 안으로 들어서면 습지의 아름다움을 코앞에서 관찰할 수 있도록 말끔하게 조성된 나무산책로가 1.7km가량 이어져 있다. 산책로를 걷다보면 갈대습지 안에서 오리, 해오라기, 장다리물떼새, 백로 등 다양한 철새들과 여기저기서 튀어오르는 물고기도 볼 수 있다. 산책로 곳곳에는 쉬어갈 수 있는 쉼터도 마련되어 있다. 습지공원 입구에는 환경생태관도 있어 시화호에 관련된 내용을 상세히 엿볼 수 있음은 물론 망원경이 비치된 전망대에서는 시화호 갈대습지 공원의 전경을 한눈에 내려다볼 수 있다. 공원 옆 개천가에는 산책로도 마련되어 있고 습지공원 입구에서 인근에 자리한 호수공원까지 산뜻하게 단장된 산책로와 자전거 도로 (3.5km)가 나 있어 더불어 둘러보기에 좋다.

눈꽃

+ 태백산 눈꽃

한반도의 척추를 이루는 태백산맥의 상징인 태백산은 장군봉(1,567m)과 문수봉(1517m)을 비롯해 거대한 능선과 봉우리로 이루어져 남성다운 웅장함을 자랑한다. 기암괴봉이나 깊은 협곡을 거느리지 않아 아기자기한 맛은 없지만 주봉인 문수봉에서 장군봉에 이르는 능선이 연출하는 풍광은 다른 산이 흉내 내지 못할 장쾌함을 뽐낸다. 암벽이 적고 경사가 완만하여 누구나 쉽게 오를 수 있는 태백산은 봄이면 산철쭉, 진달래가 산을 화려하게 물들이고 여름에는 울창한 수목이,

가을에는 형형색색의 단풍이 아름답지만 흰 눈으로 뒤덮인 겨울
설경의 멋도 일품이다. 특히 산 정상 즈음에 '살아 천 년, 죽어 천
년'을 간다는 주목 군락지가 있어 하얗게 내려앉은 눈꽃의 신비로
운 모습을 볼 수 있다. 이곳 역시 겨울이 되면 눈이 오지 않더라도
장군봉과 천제단에 이르는 능선길에 상고대가 피어 장관을 이룬
다. 태백산 정상에는 태고 때부터 하늘에 제사를 지내던 천제단이
있는데 날이 맑으면 이곳에서 푸른 동해바다에서 불쑥 솟아나는
장엄한 일출을 볼 수 있다. 행여 날이 흐리더라도 산 밑에 깔린 운

무 사이에서 떠오르는 일출도 장관을 이룬다. 태백산은 오르는 코스가 여러 곳이지만 겨울에는 유일사 입구에서 장군봉
에 이르는 약 4km의 코스가 가장 용이하다. 매년 1월 하순에는 태백산도립공원 일원에서 태백산 눈꽃축제가 열린다.

✚ 대관령눈꽃축제

강원도 평창군 대관령면 횡계리 일원에서도 매년 1월 중순경 눈꽃
축제가 열린다. 대관령은 국내 최대의 적설량을 보이는 곳으로, 겨
울이면 온 세상이 하얗게 뒤덮이는 때가 부지기수다. 순백의 설원
에서 펼쳐지는 눈꽃축제에서는 어른 아이 할 것 없이 신나는 놀이
마당이 다양하게 펼쳐진다. 이 중 칡이나 노로 널찍하게 만들어 눈
에 빠지지 않고 걸어가게 해주는 '설피 체험'과 '전통 썰매'는 향수
를 불러일으킴과 동시에 동심의 세계로 빠져들게 한다. 눈길에서
물건을 운반하기 위해 수레에 스키바퀴를 달아 끌던 발구는 강원

도 전통 운송수단으로 사람이 끌면 인발구, 소가 끌면 소발구라 불린다. 축제 현장에서는 두 가지 다 체험할 수 있는데
특히 자녀를 태우고 아빠가 끌어주는 인발구가 단연 인기다. 앉은뱅이 썰매를 타고 양 팀으로 나누어 콩처럼 생긴 공을
상대의 골문에 넣는 콩치기, 눈밭에서 반바지만 입고 달리는 알몸 마라톤, 전문산악인의 안내로 진행되는 눈꽃등반대회
도 깊은 추억을 안겨준다. 아울러 시베리안 허스키가 끄는 개썰매대회와 프로와 아마추어 아티스트들이 정성들여 만든
눈 조각품들도 눈꽃축제에 빼놓을 수 없는 흥미로운 볼거리다.

✚ 눈꽃열차

겨울에는 눈길과 빙판길로 인해 운전하기가 쉽지 않아 열차여행을 선호하는 이들도 낳나. 배문에 거울이면 대백산눈꽃
열차를 비롯해 환상선 눈꽃열차, 정동진 일출을 겸한 태백산 눈꽃열차 등 다양한 종류의 눈꽃열차 상품이 인기를 끌고
있다. 한국철도여행 사이트(ktx25.com)에 들어가 '눈꽃여행' 코너에 접속하면 일정별, 장소별로 다양한 눈꽃열차 상품을
볼 수 있다.

대한민국 대표 꽃
여행